succulent plants

Crassulaceae

succulent plants

Caudiciforms

succulent plants

Caudiciforms

succulent plants

Caudiciforms

全年度

塊根植物栽培
基礎書
Caudiciforms

長田 研

沙漠蘇木

Contents

令人深深著迷的
塊根植物 ⋯⋯⋯ 5

期待入手
最想栽培的
塊根植物圖鑑 ⋯⋯ 13

全年度塊根植物
栽培指南 ⋯⋯ 51

全年度塊根植物栽培指南
作業篇

自生地的 塊根植物

主要害蟲 與生理障礙＆對策

塊根植物栽培 ABC

塊根植物栽培 Q&A

本書已將塊根植物相關基本栽培作業與維護管理方法，彙整於全年度塊根植物栽培指南單元，從1月至12月，針對各月份進行詳細解說。書中一併刊載主要原種、品種的照片，針對各種類塊根植物的自生地、特徵、管理要點等進行介紹。

[圖鑑說明]

Euphorbia bupleurifolia

① 鐵甲丸 ②

● 大戟科大戟屬 ④

● 南非 東開普省 ⑤

夸祖魯那他省

左起

● 冬型／5℃／★★★★☆ ⑥⑦⑧

自生於高海拔乾燥草原。以酷似松果的黑褐色幹部最饒富趣味。成長緩慢，成株最高20cm。雌雄異株。環境悶熱容易引發根腐病，夏季期間需要擺在通風良好環境維護照料。

① 學名。

② 中文名（或園藝名等）。

③ 自生地的環境、特徵、栽培注意事項等。

④ 科名、屬名。

⑤ 主要自生地。

⑥ 將生長型分成「夏型」、「春秋型」、「冬型」分別標示。

⑦ 以5℃、10℃、15℃三種溫度表示過冬必要最低溫度。

⑧ 分成5級表示栽培難易度（★符號越多表示栽培難度越高）。

令人深深著迷的塊根植物
→P.5至P.12
介紹世界各地的主要塊根植物分布情形、自生地環境、鑑賞方法等。

塊根植物圖鑑
→P.13至P.50
透過圖片，由人氣品種至稀少種，廣泛地介紹百餘種塊根植物，一一列出學名、主要自生地、栽培注意事項等，進行詳細解說。

全年度塊根植物栽培指南
→P.51至P.91
將塊根植物生長型分成「夏型」、「春秋型」、「冬型」，針對每個月的基本栽培作業、栽種環境與維護管理，進行詳盡解說。主要作業方法彙整於P.80至P.91。

自生地的塊根植物
→P.92至P.97
透過圖片與簡要說明，介紹塊根植物主要自生地南非與馬達加斯加的實際樣貌。

主要害蟲與生理障礙＆對策
→P.98至P.99
介紹栽培塊根植物必須留意的害蟲、生理障礙與因應對策。

塊根植物栽培ABC
→P.100至P.103
針對擺放場所、澆水、施肥、用土等，解說栽培塊根植物必須具備的基本知識。

塊根植物栽培Q＆A
→P.104至P.108
以Q＆A形式解說栽培塊根植物過程中最容易遇到的問題。

●本書相關說明以日本關東以西地區為基準。塊根植物的生長狀態、花期、作業適期等，因栽種地區、氣候而不同。澆水、肥料分量等僅供參考。請觀察植物狀態進行增減。

●依據種苗法相關規定，凡完成登錄的品種，禁止擅自轉讓或以販售為目的進行繁殖。部分品種即便自家栽培欣賞也禁止繁殖。進行扦插、分株等營養繁殖前，請務必確認。

令人深深著迷的
塊根植物

多稜柱

什麼是Caudex？

根部、莖部肥大，與植株整體呈現不對稱狀態的多肉植物，統稱Caudex，或稱「塊根植物」、「塊莖植物」。為了在乾燥嚴酷的環境中生長，俗稱「薯」的大部分植物，都是靠肥大塊根、塊莖儲存水分與養分，不斷地進化著。塊根、塊莖植物外觀別具特色，有些種類外觀豐潤飽滿十分逗趣，有些種類則表面凹凸充滿著野趣，總是令人深深著迷。

耀眼突出、趣味十足！

check!
1

豐潤飽滿的壺

塊根或塊莖肥大渾圓、模樣可愛的種類，一聽到塊根植物就會立即浮現腦海之中，包括棒槌樹屬、假西番蓮屬、粗根樹屬、葡萄甕屬等。

↑ 象牙宮（詳情見P.23）

check!
3

姿形獨特珍貴

株姿充滿趣味性、長著棘刺或顆粒、花形獨特。包括大戟屬、蘆薈屬、琉桑屬、佛頭玉屬、凝蹄玉屬等。

↑ 飛龍（詳情見P.18）

check!
2

宛如盆栽

莖部木質化自然地展現盆栽姿態、容易分枝塑形展現盆栽風情的種類，包括厚敦菊屬、天竺葵屬、奇峰錦屬、沒藥樹屬、蓋果漆屬等。

↑ 羽葉洋葵（詳情見P.29）

check!
4

花朵賞心悅目

塊根、塊莖、漂亮花朵都深具觀賞價值。包括棒槌樹屬、鳳嘴葵屬、天竺葵屬、回歡龍屬、沙漠玫瑰屬、佛肚麻屬、岩桐屬、鉤刺麻屬等。

↑ 溫達骨葵（龍骨扇）（詳情見P.27）

以圓潤飽滿的塊根、塊莖形狀為首，
肌理、花朵、葉片等，都與其他草花截然不同。
獨特樣貌是塊根植物最吸引人之處。
來介紹其中實例吧！

check!
5

漂亮葉片媲美草花

除了塊根、塊莖值得欣賞之外，葉色、模樣、質感俱佳，深具觀賞價值。包括天竺葵屬、刺萼欖屬、桑科榕屬（無花果屬）、翡翠塔屬、Petopentia屬、藏米亞屬等。

↑美葉鳳尾蕉（墨西哥鐵樹）（詳情見P.50）

check!
7

球根形狀可愛

鱗莖具有觀賞價值，園藝方面歸類為球根植物。包括蒼角殿屬、布風花屬、垂筒花屬、油點百合屬等。

↑蒼角殿（詳情見P.36）

check!
6

蔓藤搖曳生姿

莖部修長，無法自立，以蔓藤捲繞、捲鬚攀附成長。包括假西番蓮屬、蒼角殿屬、薯蕷屬、火星人屬、睡布袋屬、Petopentia屬等。

↑龜甲龍（詳情見P.41）

容易栽培

塊根植物容易讓人認為栽培難度高！事實上，塊根植物靠塊根、塊莖儲存水分與養分，相較於一般草花，對於水分與肥料的要求不會那麼高，也不太需要擔心疾病與害蟲，只要掌握栽培場所的光線、溫度、澆水要點，栽培起來其實很簡單。塊根植物中以生長緩慢的種類佔大多數，其中不乏樹齡好幾十歲，植株卻依然小巧的種類。種上一盆就會靜靜地陪伴在你身邊，這是塊根植物的另一個魅力所在。

塊根植物分布圖

世界各地的主要塊根植物自生地

世界各地的塊根植物自生地，
與分布種類名稱，
以本書中介紹的塊根植物為主，
標示於世界地圖中。

❶ 加納利群島（西班牙）

墨麒麟等。

❷ 納米比亞

奇異洋葵‧佛垢里等。

❸ 南非

參照P.9。

❹ 馬達加斯加

參照P.9。

❺ 非洲東部‧阿拉伯半島南部

沙漠玫瑰‧白皮橄欖‧索馬利亞樹葫蘆等。

❻ 索科特拉群島 （葉門）

巨流桑等。

❼ 東南亞

火桐‧奇異油柑等。

❽ 美國西南部‧墨西哥

墨西哥角欖‧芬芳橄欖‧紅脈榕‧紫福桂樹‧錦
珊瑚‧修面刷樹（足球樹）‧美葉鳳尾蕉（墨西
哥鐵樹）‧佛羅里達鳳尾蕉等。

❾ 巴西東南部

泡葉岩桐‧斷崖女王等。

從熱帶到溫帶，世界各地都能夠看到塊根植物，但其中大半自生於極端乾燥地區，或冷暖溫差巨大的區域等嚴酷自然環境中。大部分種類自生於南非、馬達加斯加等地區。深入了解塊根植物在什麼樣的環境、氣候，如何克服嚴酷環境自然地生長著，就能夠找到栽培的關鍵要領。

南非

南非是多肉植物的寶庫。自生於南非的種類廣泛包括厚敦菊屬、奇峰錦屬、天竺葵屬、鳳嘴葵屬、大戟屬等，稱為「海角球根（Cape bulb）」的球根植物（布風花、垂筒花等）都極為常見。環境特徵是當地氣候一年四季都很溫暖，日照時間長，以乾燥地帶居多，但因地區而不同，大西洋沿岸受到寒流的影響，夏季氣溫不會出現高溫，冬季多雨。內陸地區氣候乾燥，中央高地冬季氣溫可能降至零度以下。印度洋沿岸則夏季降雨，受暖流影響，一年四季都很溫暖。

馬達加斯加

馬達加斯加是世界屈指可數的大島嶼。廣泛生長著特有種動植物，形成獨特的生態系統。整個島嶼都屬於熱帶地區。因島上縱貫南北，海拔2,000公尺以上高原的阻擋，地區氣候大不相同。位於島嶼中央的高原屬於熱帶山岳氣候，即便位於赤道附近，冬季氣溫可能降至10°C以下。東部地區多雨，年降雨量2,000至3,500mm，西部地區分為乾季與雨季，年降雨量低。生長植物以猴麵包樹最富盛名。自生棒槌樹屬也超過15種，蓋果樹屬與大戟屬等塊根植物也看得到。

草原氣候 沙漠氣候 地中海型氣候	麒麟工、光堂、黑鬼城、溫達骨葵（龍骨扇）、佛垢里、布風花、祖提葡萄甕（葡萄龜）等。

溫暖冬季少雨氣候
西岸海洋型氣候
布風花‧龜甲龍‧佛頭玉等。

熱帶草原氣候 草原氣候 沙漠氣候	皺葉麒麟‧非洲霸王樹‧馬達加斯加龍樹‧列加氏漆樹等。

熱帶雨林氣候
溫莎瓶幹等。

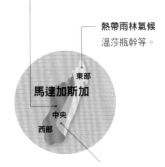

溫暖冬季少雨氣候
惠比須笑‧席巴女王玉櫛‧象牙宮等。

塊根植物鑑賞方法

不會直接照射到陽光的窗邊裝飾平台，並排2盆錦珊瑚（Jatropha cathartica）。灰泥白牆將纖細綠葉與小巧紅花襯托得更加耀眼。

擺在窗邊的飛龍（Euphorbia stellata）。依種類而定，室內栽培欣賞時，盡量擺在日照光充足的場所悉心照料。

種在直徑約30㎝大花盆裡的白馬城（Pachypodium saundersii）。擺在庭園一角，照射直射陽光。大部分塊根植物需要像這樣，盡量擺在日照充足的場所栽培。

塊根植物的最大魅力在於圓潤肥大塊莖、壯實穩重塊根的存在感，以及其他植物難以媲美的獨特株姿，因此很少用於構成組合盆栽，通常都是單株栽培，欣賞獨特風采。栽培塊根植物時，對於各季節的擺放場所需要充分地考量。塊根植物中以需要移入室內過冬的種類佔大半，就這一點而言，單株盆植成為栽培塊根植物的前提。

以高溫素燒盆栽種的延壽城。塊根植物姿形獨特，搭配喜愛的栽種盆器也趣味無窮。

日照充足照射的露台上並排3盆。塊根植物中耐得住炎夏酷暑天氣的種類非常多，擺在陽光直射的場所栽培也不必太擔心，可以盡情地享受栽培樂趣。
下圖右下：魁偉玉
左：塔奇女王
右上：羽葉洋葵。

移往陽光照不到的場所欣賞一、兩天也無妨。原則上，欣賞後移回室外日照充足的場所。圖中植株為葡萄盃（Cyphostemma bainesii）。

綴化的魅力

　　植物莖部尖端的成長點（莖頂分裂組織）分裂之後，莖部開始成長。

　　通常植物莖部頂端只有1處生長點，但植物出現變異時，莖部頂端可能相連出現多個生長點。植物出現變異之後，原本纖細圓柱狀莖部長成了帶狀，或出現好幾根枝條癒合成帶狀的奇特現象。

　　此變異稱為綴化（或稱帶化、石化）。草花種類中的頭狀雞冠花花序就是綴化的常態化現象。

　　綴化變異常見於各種植物，塊根植物也不例外。奇形怪狀的塊根植物種類非常多，出現綴化變異之後，外型更加獨特珍貴。有興趣的人，前往園藝店或多肉植物專門店時，不妨多加留意，找到後加入自己的收藏行列。

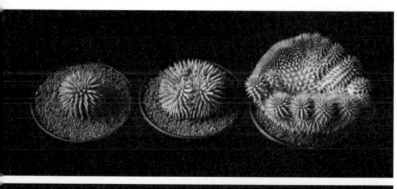

上／琉璃晃正常株（左），幼嫩綴化株（中），成熟綴化株（右）。正常株成長點位於棘刺密生布滿球體部位內側。成熟綴化株左上部邊緣出現一整排成長點。

下／席巴女王玉櫛正常株（左）與綴化株（右）。正常株由植株基部的塊莖長出粗壯枝條，稀疏分枝，枝條頂端集中長出5、6片葉片。右側的綴化株不長枝條，生長點連結於塊莖，分別長出小葉。未曾開花。

期待入手
最想栽培的

Chapter 2

塊根植物圖鑑

大戟屬是大戟科下的一個大屬種，以熱帶、亞熱帶地區為中心，廣泛分布於世界各地，知名種類多達2,000餘種。分布範圍廣，姿形變化豐富多采，生長於乾燥地區的種類包含許多肉植物。生長形態也各不相同，包括雌雄同株異花與雌雄異株，都會綻放稱為杯狀花序，充滿大戟屬特色的花朵。莖部或葉片損傷時，流出白色汁液，含生物鹼成分，小心處理，避免接觸到。

Euphorbia bupleurifolia

鐵甲丸

- ●大戟科大戟屬
- ●南非 東開普省
  夸祖魯那他省
- ●冬型／5℃／★★★★☆

自生於高海拔乾燥草原。以酷似松果的黑褐色幹部最饒富趣味。成長緩慢，成株最高20cm。雌雄異株。環境悶熱容易引發根腐病，夏季期間需要擺在通風良好環境維護照料。

Euphorbia canariensis

墨麒麟

● 大戟科
大戟屬
● 西班牙 加那利群島
● 夏型／5℃／★☆☆☆☆

自生於布滿岩石或沙礫的地帶。植株基部容易分枝，株高2至3m，據說成株莖圍可達10m。稜背並排生長棘刺，狀似昆蟲頭部，趣味十足。體質強健，也被當作嫁接大戟屬類塊根植物的砧木。

Euphorbia cylindrifolia

筒葉小花麒麟

● 大戟科
大戟屬
● 馬達加斯加 圖利亞拉省
● 夏型／5℃／★☆☆☆☆

自生於乾燥林地等地帶。由塊根長出多肉質枝條之後，斜斜地橫向生長，成熟之後塊根約臭成人拳頭大小。根部纖細，休眠中少量澆水，避免枯萎。適合扦插繁殖，但難以栽培出具有觀賞價值的塊根。

Euphorbia decaryi var. *spirosticha*

皺葉麒麟

● 大戟科
大戟屬
● 馬達加斯加南部
● 夏型／10℃／★☆☆☆☆

由地面下的小塊根長出多肉質枝條之後，匍匐地面似地生長。葉緣表側捲曲成波浪狀，休眠期葉色轉變成褐色，整個植株宛如枯萎一般。適合扦插繁殖，但塊根不容易肥大。

Euphorbia 'Gabisan'

峨眉山

● 大戟科
大戟屬
● 種間交配種
● 夏型／5℃／★☆☆☆☆

大戟屬的其他種類成功交配產生，源自於日本的品種。小顆粒圓形岩稜相連的姿態，與鮮綠葉色形成強烈對比而廣受喜愛。容易栽培，但避免澆水過度。

Euphorbia globosa

玉麟寶

●大戟科

　大戟屬

●南非 東開普省

●夏型／5℃／★★☆☆☆

自生於乾燥荒地或丘陵斜坡等處。塊莖長出球形枝條之後，球形部分往上堆疊構成植株。綻放菊形花朵，趣味十足。希望枝條維持球形，必須日照充足、促進通風，需要控水控肥。

Euphorbia gorgonis

金輪際

●大戟科

　大戟屬

●南非 東開普省

●夏型／5℃／★☆☆☆☆

自生於乾燥草原等地帶。「章魚型」的人氣品種，種小名源自於希臘神話蛇髮女妖。成株最大直徑20cm左右。日照充足即可避免徒長。體質強健，適合初學者栽培。

Euphorbia tulearensis

圖拉大戟

●大戟科

　大戟屬

●馬達加斯加 圖利亞拉省南部

●夏型／10℃／★★★☆☆

自生於布滿岩石的沿海地帶與乾燥林地。稀少的小型種，老株塊根最大如嬰幼兒拳頭大小。植株長滿短枝，密生葉片，葉緣皺縮。避免強光照射，盡量促進通風，需要控水控肥。

Euphorbia obesa ssp. *obesa*

麒麟玉

●大戟科

　人戟屬

●南非 東開普省

●夏型／5℃／★★☆☆☆

期為球形，成熟後縱向生長，下部木質化。雌雄異株，充分照射陽光才能維持球形。相較於其他大戟屬，更需要控水。

Euphorbia gamkensis

干氏大戟

● 大戟科
　大戟屬
● 南非 西開普省
　夏型／5℃／
● ★★☆☆☆

自生於高原荒地。「章
魚型」（統稱生長姿態
讓人聯想起章魚觸角
的塊根植物）的小型
種，成株塊根最大5至
6cm。生長緩慢，但姿
態姣好。相較於其他塊
根植物，更需要控水，
冬季維持感覺斷水狀
態，留意葉蟎。

Euphorbia meloformis ssp. valida

萬代

● 大戟科
　大戟屬
● 南非東開普省
　夏型／5℃／
● ★★☆☆☆

自生於中高海拔乾燥草
原布滿礫岩的地帶。大
戟科球形塊根植物，通
常單頭生長，不會形成
群生狀態。看似棘刺的
部分，是沿著稜部開花
之後殘留的花柄。雌雄
異株，需要雌株與雄株
才能夠採收種子。

Euphorbia obesa ssp. *symmetrica* f. *prolifera*

晃玉奧貝莎

- ●大戟科
- 大戟屬
- ●園藝品種
- ●夏型／5℃／★★☆☆☆

栽培成扁平狀的大戟科奧貝莎變種Symmetrica亞種的Monstrose品種。Monstrose意思為植株上長出多數不定芽，稜部長滿子株。摘下子株進行扦插即可繁殖。休眠期需要維持感覺斷水狀態。

Euphorbia polygona 'Snowflake'

**多稜柱
Snowflake**

- ●大戟科
- 大戟屬
- ●園藝品種
- ●夏型／5℃／★★☆☆☆

基本種原產於南非。多稜柱Snowflake最大特色為表皮雪白如精雕蠟燭工藝品。雌雄異株。由植株頂端澆水容易弄髒表皮，必須由植株基部澆水。日照不足容易變形，必須充分照射陽光。

Euphorbia stellata

飛龍

- ●大戟科大戟屬
- ●南非 東開普省
- ●春秋型至冬型／5℃／
  ★★☆☆☆

自生於布滿沙礫的乾燥地帶。自然環境中生長時，由地面下塊根頂端開始，宛如波浪般，朝著兩側，並排長出平面狀枝條。塊根表皮白皙，必須留意日燒傷害。埋入土裡栽培，更容易養出肥大塊根。需要控水。

Euphorbia trichadenia

玉麟龍

- ●大戟科
- 大戟屬
- ●南非、辛巴威、馬拉威
- ●夏型／10℃／★★☆☆☆

自生於多沙礫平原。大戟屬難得一見的德利酒壺形塊根植物，老株直徑最大20cm左右。白皙塊根肌理、奇妙花形都魅力十足。埋入土裡更快培養出肥大塊根。

壺形、瓶形等外形獨特，綻放黃色或白色等漂亮花朵，塊根植物中最富人氣的屬種。目前約有20個種類，大半為馬達加斯加固有種，非洲南部也分布著好幾個種類。自生於布滿岩石的乾燥丘陵地或平原。夏型種佔絕大多數，春季發芽、開花，冬季落葉，一年四季變化萬千，賞心悅目。喜愛陽光，生長期應盡量擺在室外，照射直射陽光。秋季開始落葉之後，減少澆水，冬季斷水。

Pachypodium baronii var. windsorii

溫莎瓶幹

● 夾竹桃科夾竹桃亞科
　棒槌樹屬
● 馬達加斯加安齊拉納納省
● 夏型／15℃／★★★☆☆

自生於岩山崖地等處。綻放鮮紅花朵的小型種，這是開深紅色花稀少種巴氏棒槌樹的變種。成長非常緩慢。棒槌樹屬之中耐寒能力最弱的種類。減少施肥即可避免節距拉大、植株徒長。

Pachypodium bispinosum

畢之比

● 夾竹桃科夾竹桃亞科
棒槌樹屬
● 南非 東開普省南端
● 夏型／5℃／★★☆☆☆

自生於多石平原等地帶。自然環境中生長時，肥大如瓶的淺茶色塊根粗大多埋在地面下。自生地冬季氣溫可能降至0℃，這是棒槌樹屬塊根植物之中耐寒能力較強的種類。

Pachypodium brevicaule

惠比須笑

● 夾竹桃科夾竹桃亞科
棒槌樹屬
● 馬達加斯加中央高地
● 夏型／5℃／★★★☆☆

自生於海拔較高布滿岩石場所的裂縫等地帶。成長極為緩慢，莖部扁平不太會生長增長。耐悶熱能力較弱，春季綻放黃色花朵。容易罹患根腐病，也適合以非洲霸王樹等為砧木，進行嫁接栽培。

Pachypodium densiflorum 'Tucky'

席巴女王玉櫛塔奇

● 夾竹桃科夾竹桃亞科
棒槌樹屬
● 園藝品種
● 夏型／10℃／★★★☆☆

席巴女王玉櫛的皺葉種，經過交配選拔，誕生於日本的品種。葉片厚實，布滿皺褶，枝幹表面微呈現凹凸，棘刺短。種類性質等，與基本種大同小異，但生長非常緩慢。風格特色隨著植株成長而大大提升。

Pachypodium inopinatum

伊洛棒槌

● 夾竹桃科夾竹桃亞科
棒槌樹屬
● 馬達加斯加中央高地
● 夏型／5℃／★★☆☆☆

自生於海拔1,000公尺以上布滿岩石的地帶等環境。曾被認為是黃花種羅斯拉棒槌樹的變種，本種開白色花。耐寒性比較強，耐暑熱能力也強，夏季悶熱需留意，生長期多澆水。

Pachypodium 'Ebisu-Daikoku'	
惠比須大黑	●夾竹桃科夾竹桃亞科 棒槌樹屬 ●種間交配種 ●夏型／10℃／★★☆☆☆

觀察花朵，應該是兩種以上棒槌樹屬塊根植物交配產生。植株短小精幹，姿形變化萬千。體質非常強健，初學者也很適合栽種。

Pachypodium Ito Hybrid	
伊藤交配種	●夾竹桃科夾竹桃亞科 棒槌樹屬 ●種間交配種 ●夏型／5℃／★★☆☆☆

愛知縣已故伊藤隆之，以席巴女王玉櫛、筒蝶青、羅斯拉棒槌樹三個品種，進行交配之後誕生的三元交配種。花形、株形、分枝情形因個體而不同，必須栽培長大到相當程度才能看出植株素質。

Pachypodium namaquanum

光堂

● 夾竹桃科夾竹桃亞科
棒槌樹屬
● 南非 北開普省、納米比亞
● 春秋型至冬型／10℃／★★★★☆

大型種塊根植物，生長於自生地時，植株可高達
4m。以幹部密生細長尖銳棘刺最具特徵。夏季長
出新葉，冬季至春季期間生長。澆水時機難以掌
握，栽培難度高。

Pachypodium lamerei

非洲霸王樹

● 夾竹桃科夾竹桃亞科
棒槌樹屬
● 馬達加斯加南部
● 夏型／5℃／★☆☆☆☆

自生於乾燥稀疏林地等處。自然環境中生長時，幾乎不分枝，成株可高達5至6m。幹部密生細長尖銳棘刺，成長後棘刺脫落，莖部頂端以外部位的表皮變光滑。體質強健，生長期淋雨也無妨。

Pachypodium makayense

魔界玉

● 夾竹桃科夾竹桃亞科
棒槌樹屬
● 馬達加斯加 圖利亞拉省
● 夏型／5℃／★★☆☆☆

2004年完成新品種登錄，但可能被視為別種的亞種。自生於布滿細碎砂岩的地帶。成株幹部可肥大至兩個成人張開雙手才能環抱。開黃色花，中心白色非常引人注目。本種特徵為植株表面帶褐色。

Pachypodium rosulatum var. gracilius

象牙宮

● 夾竹桃科夾竹桃亞科
棒槌樹屬
● 馬達加斯加西南部山區
● 夏型／10℃／★★★☆☆

棒槌樹屬塊根植物中最高人氣品種之一。相較於其他種類，葉片較小，塊莖長得更加粗壯。自生於布滿岩石的砂岩地帶等處。實生苗體質強健，容易栽培。購買進口原產株，栽種存活之後，可能突然枯死，需留意。

Pachypodium densiflorum

席巴女王玉櫛

● 夾竹桃科夾竹桃亞科
棒槌樹屬
● 馬達加斯加中央高地
● 夏型／5℃／★★☆☆☆

最具代表性的棒槌樹屬原種之一。自生於平原、花崗岩丘陵地等處。長著粗大尖銳棘刺，十分醒目，但隨著植株成長而脫落。枝態等特徵的個體差異大。體質強健，也很適合初學者栽種。休眠期需要斷水。

厚敦菊屬

Othonna

灌木或常綠多年生草本植物，以南非為中心，知名品種多達140餘種。這是菊科植物種類之中，珍貴多肉植物較多的屬種，亦包含塊根植物的人氣品種。乍看植株很難聯想到菊科植物，看到花朵恍然大悟。以單瓣黃花品種居多，另有開白色花、紫色花與不開舌狀花的種類。大多為冬型種，只有一小部分夏型種。耐寒能力比較強，不乏日本關東以西地區，避開霜、北風，冬季期間也能夠室外栽培的種類。夏季悶熱需留意！

Othonna euphorbioides

黑鬼城

● 菊科

厚敦菊屬

● 南非 北開普省

● 冬型／5℃／★★☆☆☆

自生於岩石裂縫等處。適合栽培成枝葉密生長的灌木狀，成株高約30至40cm。枝條頂端附近抽出花柄，花後殘留狀似棘刺。生長期照射直射陽光，休眠期斷水，擺在明亮遮蔭處，促進通風，植株就健康生長。

Othonna herrei

蠻鬼塔

● 菊科菊科
厚敦菊屬
● 南非 北開普省北部
● 冬型／5℃／★★☆☆☆

自生於布滿岩石的極度乾燥地帶。花後葉柄呈尖哨瘤狀，枝幹樣貌十分獨特。成株高約30cm，隨著植株成熟，枝條朝下生長。控水以避免徒長。耐寒能力強。

Othonna lepidocaulis

蘇鐵厚敦菊

● 菊科菊科
厚敦菊屬
● 南非 北開普省
● 冬型／5℃／★★☆☆☆

自生於乾燥平原、丘陵斜坡等處。目前已證實自生地約5處。小型種成株最高20cm左右。誠如種小名Lepidocaulis（鱗莖），幹部的鱗狀模樣最具特徵。

Othonna retrorsa

刨花厚敦菊

● 菊科菊科
厚敦菊屬
● 南非 北開普省
● 冬型／5℃／★★☆☆☆

自生於半沙漠平原或布滿岩石的地帶等處，植株可以長成1m左右半球狀。葉片枯萎後不掉落，休眠期還會看到枯掉的葉片。喜愛極度乾燥的環境，控水以避免徒長。

Othonna triplinervia

美尻厚敦菊

● 菊科菊科
厚敦菊屬
● 南非 東開普省
● 冬型／5℃／★★☆☆☆

自生於岩山崖地或雜木林等處。成株塊莖直徑可達30cm，株高約1m左右。小株時期塊莖渾圓，成株形狀豐富多元。葉脈較粗，綠色葉片上分布著白色葉脈十分醒目。特性接近春秋型種，可能出現不斷水就不落葉的情形。

鳳嘴葵屬

Monsonia

自生於日本山野，牻牛兒苗科的近親屬種，廣泛分布於南非。目前歸類為鳳嘴葵屬，本書中介紹的多肉質灌木狀類型塊根植物，曾被分類為龍骨葵屬。多肉植物約14種，分布於南非、納米比亞冬季降雨地區，因此是冬季生長，夏季落葉、休眠的冬型種。耐寒能力強，但冬季擺在溫暖場所，成長狀況更好，體力更強，植株更輕鬆地越夏。

Monsonia multifida

黑皮月界

●牻牛兒苗科鳳嘴葵屬

●納米比亞 卡拉斯區南部、南非 北開普省

●冬型／5℃／★★★☆☆

自生於岩石裸露的沙地。小型種塊根植物，成株最大株幅約20cm。已分枝粗莖不長棘刺，花色廣泛包括白色至淺桃紅色、深桃紅色，花瓣基部為紅色。成長極為緩慢。

Monsonia vanderietiae

溫達骨葵
（龍骨扇）

- 牻牛兒苗科
  鳳嘴葵屬
- 南非北開普省等
- 冬型／5℃／★★☆☆☆

自生於岩山、溪谷斜坡。相較於其他鳳嘴葵屬，枝條
較細。適合促進分枝，栽培成株高10至20cm，株幅
25cm左右的灌木狀。春天綻放白色至淺桃紅色花朵。
夏季落葉、休眠，擺在通風良好的遮蔭處悉心照料。

Monsonia crassicaulis

格斯龍骨葵

- 牻牛兒苗科鳳嘴葵屬
- 南非西開普省至北開普省、
  納米比亞卡拉斯區南部
- 冬型／5℃／★★★☆☆

自生於沙礫較多的平原、岩石較多的丘陵等處。堅
硬的多肉質莖部長滿細長棘刺，一邊分枝，一邊往
橫向生長。生長於自生地時，株幅可達50cm。春
天綻放白色至淺黃色（乳白色）花朵。

Monsonia herrei

龍骨城

- 牻牛兒苗科鳳嘴葵屬
- 南非北開普省、
  納米比亞卡拉斯區南部
- 冬型／10℃／★★★☆☆

自生於山坡地。粗壯堅硬莖部匍匐似地朝著多個方
向生長。進入生長期之後，細長棘刺（葉柄痕跡）
之間，長出纖細的銀綠色葉片。擺在日照充足、通
風良好的場所悉心照料即可避免徒長。

天竺葵屬

Pelargonium

包含老鸛草屬（Geranium）與天竺葵屬（Pelargonium），廣為熟知的盆花屬種，以南非為中心，知名品種多達230種。廣泛包括綻放美麗花朵、富含精油成分、碰觸葉片就散放芳香氣味的種類。以多年草本與半灌木種類居多，一部分被當作塊根植物栽培。大部分為冬型種，秋季至春季長葉。生長期必須適度地確保溫度，充分照射陽光。初夏葉片枯萎，進入休眠期之後，必須維持感覺斷水狀態，擺在明亮遮蔭處悉心照料。

Pelargonium mirabile

奇異洋葵	● 牻牛兒苗科
	天竺葵屬
	● 納米比亞卡拉斯區西部
	● 冬型／5℃／★★★☆☆

自生於布滿岩石的地帶，適合栽培成灌木狀。由黑糖蜜般茶褐色枝條，長出銀白色葉片的人氣品種。休眠期前，綻放白底紅色斑點或條紋的花朵。落葉時枝態獨特，賞心悅目。

Pelargonium carnosum

枯野葵

● 牻牛兒苗科天竺葵屬
● 南非北＆西＆東開普省
　納米比亞卡拉斯區
● 冬型／5℃／★★☆☆☆

自生於布滿岩石的乾燥地帶。由多肉質塊莖，長出狀似紅蘿蔔葉的銀綠色葉。花莖上開滿小花，細長紅色雌蕊最可愛。葉片容易雜亂生長，必須確保通風，充分照射陽光。

Pelargonium luridum

塊莖天竺葵

● 牻牛兒苗科
　天竺葵屬
● 非洲大陸中部至南部
● 全型／5℃／★★☆☆☆

自生於布滿岩石的乾燥草原等地方。狀似賽著斑駁樹皮的小型塊根，展開後葉柄、葉片都長達30cm。綻放淺黃色、白色、桃色等各色花朵。分布範圍廣，生長型因自生地而不同。

Pelargonium triste

羽葉洋葵

● 牻牛兒苗科
　天竺葵屬
● 南非北開普省至西開普省
● 冬型／5℃／★★★☆☆

自生於荒野斜坡等處。以充滿枯木般風情的塊根、葉裂纖細的葉姿最富魅力。自然環境中生長時，塊根長在地面下，只有葉片長出地面。種入土裡栽培，更容易養出肥大塊根。夏季悶熱需留意！

最具代表性的冬型種塊根植物屬種，以納米比亞與南非為中心，廣泛分布著50餘種。曾被歸類為銀波錦屬，後來基於花朵朝上綻放、落葉性、莖部更為多肉質等特性，獨立為奇峰錦屬。從長著小小塊莖或塊根，成株最大株幅才幾cm的種類，到植株可長高至2m的種類，植株大小、形態豐富多樣。皆為冬型種，冬季進入生長期，必須擺在日照充足的場所，夏季落葉進入休眠期，進行控水，擺在明亮遮蔭處悉心照料。

Tylecodon pearsonii

白象

● 景天科奇峰錦屬
● 南非西開普省、北開普省
  納米比亞卡拉斯區
● 冬型／5℃／★★☆☆☆

自生於沙礫地帶。植株基部長成碩大塊莖，長滿粗短枝條，頂端長出圓筒形多肉質葉。成株塊莖最大直徑20cm，株高約25cm。休眠期間開花。討厭極端寒冷氣候。

Tylecodon buchholzianus

佛垢里

● 景天科奇峰錦屬
● 南非、納米比亞
　（橘河流域下游）
● 冬型／5℃／★★☆☆☆

自生於陸峭斜坡的岩縫等處。最大株高20至
30cm。容易分枝，枝條直立生長，但非常容易折
斷，需留意。夏季休眠期間綻放白邊桃紅色花朵。
夏季需要斷水。

Tylecodon reticulatus

萬物想

● 景天科奇峰錦屬
● 南非北開普省、西開普省
　納米比亞卡拉斯區
● 冬型／5℃／★★☆☆☆

自生於雜草、灌木稀疏生長的沙地等處。肥大幹部
可高達30至60cm。花謝之後花莖、花柄殘留不掉
落，植株宛如罩上網子十分有趣。休眠期間開花。
進行控水即可培養出枝葉茂密不徒長的植株。

Tylecodon wallichii

**鍾馗
（奇峰錦）**

● 景天科奇峰錦屬
● 南非北開普省、西開普省
　納米比亞卡拉斯區
● 冬型／5℃／★★☆☆☆

自生於岩山斜坡等處。容易分枝，最大株高50cm
以上。落葉之後，枝幹留下疣狀或棘刺狀痕跡，成
長後株姿氣勢磅礡。生長期進行控水，即可避免節
距拉大呈現徒長現象。休眠期需要完全斷水。

其他屬種

塊根植物一詞是針對植物形態特徵的稱呼方式，並不是基於植物學分類的植物屬種名稱，因此範圍涵蓋及不同科、屬植物。塊根植物大多分布於乾燥地帶，但有些種類也自生於熱帶雨林中布滿岩石的區域。塊根植物努力地在複雜多樣的環境中延續著生命，不包含P.31為止介紹的科屬，本單元從中挑選出非常受歡迎的園藝品種與十分珍貴的種類，進行更廣泛的介紹。

Beiselia mexicana

墨西哥角欖

- 橄欖科
- 刺莖欖屬
- 墨西哥米卻肯州
- 夏型／10℃／★★★☆☆

一屬一種。自生於溫暖石灰岩稀疏林地。以幹部表面凹凸模樣最具特徵，小株與成株風貌大異其趣，植株可長成10m高大樹木。生長期也避免澆水過度，確保充足日照，促進通風，即可避免植株徒長。

Adenia glauca

幻蝶蔓

● 西番蓮科
　假西番蓮屬
● 南非林波波省
● 夏型／10℃／★☆☆☆☆

自生於布滿岩石的稀樹草原。塊莖上部為綠色，下部白色，清楚區分，成株最大直徑1m左右。葉掌狀五深裂的蔓性塊根植物。雌雄異株。成長快速，栽培時需要控水控肥。耐寒能力弱。

Adenia globosa

球腺蔓

● 西番蓮科
　假西番蓮屬
● 肯亞、坦桑尼亞、索馬利亞
● 夏型／10℃／★★★☆☆

自生於乾燥灌木林、荒蕪沙礫地等處。塊莖綠色，最大直徑可達1m左右，枝條可生長至好幾公尺高。枝條表面布滿大棘刺，長出葉片之後隨即落葉。雌雄異株。塊莖照射強烈陽光容易造成日燒傷害。

Adenia spinosa

刺腺蔓

● 西番蓮科假西番蓮屬
● 南非林波波省
　辛巴威、波札那
● 夏型／10℃／★★★☆☆

自生於沙礫地帶等處。塊莖最大直徑可達1m。蔓性枝條長著捲鬚，可攀附其他植物作為支撐，捲鬚枯掉後呈棘刺狀殘留植株上。雌雄異株。進入休眠期之前，可修剪過長枝條，抑制蒸散。

Adenium arabicum

沙漠玫瑰

● 夾竹桃科
　夾竹桃科沙漠玫瑰屬
● 阿拉伯半島西部
● 夏型／5℃／★☆☆☆☆

自生於乾燥沙礫地、布滿岩石地帶等處。由粗壯穩重塊莖長出許多枝條。綻放桃紅色漂亮花朵格外耀眼。除了生長期、梅雨季節之外，植株可淋雨（兼具預防葉蟎作用）。休眠期完全斷水。

Avonia quinaria ssp. quinaria

靭錦

● 馬齒莧科

回歡龍屬

● 南非、納米比亞

● 冬型／5℃／★★★★☆

自生於矽石較多的平原。成株塊根可長大至10cm
左右，但成長緩慢。與白花靭錦十分相似，但開
深桃紅色花。夏季必須促進通風，適度遮光，略
微控水。耐寒能力較強。

Avonia quinaria ssp. alstonii

白花靭錦

● 馬齒莧科

回歡龍屬

● 南非、納米比亞

● 冬型／5℃／★★★★☆

自生於矽石較多的平原。生長於自生地時塊根埋於
地面下，唯有密生的短莖露出地面。莖部密布銀
色鱗狀托葉。綻放直徑2至3cm的白色至淺桃紅色
花。傍晚開花，2至3小時花朵閉合。討厭悶熱。

Alluaudia procera

亞龍木

● 刺戟木科亞龍木屬

● 馬達加斯加
圖利亞拉省沿岸

● 夏型／5℃／★☆☆☆☆

自生於乾燥荒地或灌木林。可栽培成高15m以上、
多幹群生狀態。枝幹密生長2至3cm棘刺，刺間長
出橢圓形小葉。體質強健，成長快速，容易栽培。
夏季植株淋雨亦可。

Brachystelma plocamoides

Brachystelma plocamoides

● 夾竹桃科
　蘿藦亞科
　潤肺草屬
● 非洲大陸南部中央地區
● 夏型／10℃／
　★★★★☆

自生於荒地的小型種塊根植物，由狀似馬鈴薯的扁平塊莖抽出短莖，長出細長葉片，綻放深紅色花朵。自然環境中生長時，塊莖埋在地面下。塊莖容易腐爛，栽培難度高。耐寒能力弱。

Commiphora kataf

白皮橄欖

● 橄欖科沒藥樹屬
● 非洲東北部、
　阿拉伯半島
● 夏型／10℃／
　★★★☆☆

自生於布滿岩石的乾燥地帶、隨處可見沙礫的地方。小喬木，動物吃下果實之後傳播種子。小株時期主幹下部長粗壯，雪白平滑幹肌與鮮綠葉片形成鮮明對比，賞心悅目。根部纖細，避免太乾燥。成長極為緩慢。耐寒能力弱，冬季需留意！

Boophone disticha

布風花
（刺眼花）

● 石蒜科布風花屬
（刺眼花屬）

● 非洲大陸中部至南部

● 全型／5℃／★☆☆☆☆

以展開成扇形的葉姿與巨大的鱗莖最具觀賞價值。植株栽培壯實後，小花聚集綻放呈半球形，宛如石蒜花，華麗無比。葉漸漸展開時澆水，開始變黃落葉後控水。生長型因自生地而不同。

Bowiea volubilis

蒼角殿、
大蒼角殿

● 天門冬科蒼角殿屬

● 非洲大陸中部至南部

● 春秋型至夏型／5℃／
★☆☆☆☆

自生於森林至布滿岩石的高山等地帶，自生環境多樣。避開直射陽光，擺在明亮場所栽培。長著翡翠色鱗莖，隨著成長皮表轉變成茶色。切勿勉強剝掉老皮。生長期適度地澆水，休眠期維持感覺斷水狀態。

Bursera fagaroides

芬芳橄欖

● 橄欖科裂欖欖屬

● 美國西南部、墨西哥

● 夏型／5℃／
★★☆☆☆

自生於沙漠地帶的小喬木。生長緩慢，葉片小巧，狀似胡椒葉，散發柑橘類清新香氣。天氣變冷時，葉片轉變成黃色或紅色美不勝收。生長期喜愛水分，但過度澆水枝條容易徒長。

Cyphostemma uter var. macropus

安哥拉葡萄甕

- ●葡萄科
- 葡萄甕屬
- ●安哥拉、納米比亞北部
- ●夏型／10℃／★★★☆☆

自生於沙漠地帶。相較於基本種葡萄甕（Cyphostemma uter），塊莖較為扁平，成長後植株最高長1m左右，更容易栽培成圓形。生長期澆水必須控制在最低限度。水分太多容易徒長，葉下垂。冬季需要斷水。

Cussonia paniculata

壺天狗

- ●五加科粗根樹屬
- Cussonia
- ●南非 東開普省
- ●夏型／5℃／★☆☆☆☆

自生於布滿岩石地帶的岩縫間，植株可長高至5m的小喬木。實生栽培的幼株被當作塊根植物，深具觀賞價值。耐暑熱、耐寒能力強，生長期淋雨也無妨。充分照射陽光，葉片才不會雜亂生長。低溫期落葉。

Cyphostemma juttae

祖提葡萄甕
（葡萄龜）

- ●葡萄科葡萄甕屬
- ●納米比亞南部
- ●夏型／10℃／
- ★★☆☆☆

自生於荒蕪礫岩地帶。老株據說可高達2m以上。塊莖外層包覆著淺茶色薄皮，伴隨植株成長而剝落。長著厚實大葉片，葉緣呈現尖銳鋸齒狀。希望塊根肥大，需要多多澆水與施肥。

Cyphostemma betiforme

碧帝鳳葡萄甕

● 葡萄科

　 葡萄甕屬

● 索馬利亞、衣索匹亞、肯亞

● 夏型／10℃／★★★☆☆

自生於石灰岩的礫岩地等處。塊莖肥大如甕，成株
最大直徑30cm左右。生長緩慢。包覆塊莖的薄皮
隨著生長而剝落。生長期維持感覺乾燥狀態悉心照
料，但太乾燥又容易落葉，需留意！

延壽城

● 馬齒莧科長壽城屬
● 南非北開普省
　納米比亞南部
● 冬型／5℃／
★★★☆☆

自生於荒蕪又布滿岩
石的斜坡地等處。塊
莖直徑10cm，株高
20cm，株幅30cm左
右，即便栽培成老株也
只有這般大小。生長非
常緩慢。雌雄異株。進
入休眠期之後，一個月
數次，於涼風習習的傍
晚澆水，植株生長狀況
會更好。

索馬利亞樹葫蘆

● 葫蘆科
　Corallocarpus屬
● 索馬利亞、葉門
　阿曼
● 夏型／10℃／
★★☆☆☆

自生於半沙漠地帶布滿
岩石的場所等。將植株
栽培成灌木狀，成株樹
冠可達到1m左右。生
長期喜愛水分，但澆水
過度容易徒長，難以維
持姣好樹形。休眠期維
持感覺斷水狀態悉心照
料。耐寒能力弱，冬季
需留意！

Cyrtanthus obliquus

垂筒花

● 石蒜科垂筒花屬
● 南非 東開普省
● 夏型／5℃／★☆☆☆☆

自生於布滿岩石的乾燥地帶等區域。石蒜科的最大屬種，葉片厚實，呈現扭曲狀態，初夏抽出高約50cm花莖，低頭綻放十餘朵筒形花。花色漂亮，花瓣尖端開始呈現綠色、黃色、橘色漸層色彩。常綠性塊根植物。

Cyrtanthus spiralis

捲葉垂筒花

● 石蒜科
  垂筒花屬
● 南非 東開普省
● 夏型／5℃／★☆☆☆☆

自生於荒蕪草原等地帶。小型種塊根植物，葉片細窄，扭曲成螺旋狀。抽出高約15cm花莖，低頭綻放5至6朵深橘紅色喇叭形花朵。休眠期原則上斷水，但葉片不枯萎則繼續澆水。

Dorstenia foetida

臭桑

● 桑科臭桑屬（琉桑屬桑屬）
● 阿拉伯半島南部
  衣索匹亞、肯亞等
● 夏型／10℃／★★☆☆☆

自生於平地至布滿岩石的高地乾燥地帶或崖地。株高30至40cm。分布範圍廣，自生地環境不同，莖葉等變異大。夏季開花，花形奇特，魅力十足。體質強健，初學者也適合栽培，但耐寒能力弱。

Dorstenia gigas

巨流桑

● 桑科臭桑屬（琉桑屬桑屬）
● 葉門索科特拉群島
● 夏型／15℃／★★★☆☆

自生於布滿岩石地帶或崖地等區域。琉桑屬最大級塊根植物。成株幹部最大直徑1m，株高超過4m。一年四季充足照射直射陽光，生長期充分地澆水。耐寒能力弱，冬季必須維持感覺斷水狀態，移往溫暖場所悉心照料。

Dioscorea elephantipes

龜甲龍

- 薯蕷科
  薯蕷屬
- 南非
  西開普省至東開普省
- 冬型／5℃／
  ★★★☆☆

自生於礫岩較多的丘陵或乾燥疏樹林地，塊根大多埋在地面下，頂部長出蔓藤，旺盛生長。塊根表皮龜裂如龜殼。雌雄異株。雌株必須栽培大於雄株才會開花，此傾向極為明顯。

Eriospermum sp.aff. mackenii

麥肯尼霧冰玉

- 天門冬科洋莎草屬
  Eriospermum
- 非洲大陸南部
  （辛巴威除外）
- 夏型／5℃／
  ★★☆☆☆

自生於草原等地帶。自然環境中生長時，塊莖埋於地面下。生長期充分照射陽光，葉色更加飽和漂亮。炎夏需要稍微遮光。生長期間盆土表面乾燥時澆水，休眠期維持感覺斷水狀態。塊莖埋入土裡有助於植株生長。

Ficus petiolaris

紅脈榕	●桑科
	榕屬
	●墨西哥
	●夏型／5℃／★★☆☆☆

自生於布滿岩石的乾燥地帶。成株高達20m以上。以分布著紅色葉柄、葉脈的心形葉最富魅力。植株基部肥大成球狀或不特定形狀，深具觀賞價值。栽培需要照射陽光與促進通風。冬季落葉。

Firmiana colorata

火桐	●梧桐科
	梧桐屬
	●東南亞至南亞
	●夏型／10℃／★☆☆☆☆

自生於叢林貧瘠地帶或岩石上。成株樹高超過10m。狀似葉緣長出兩隻犄角的葉形最有趣。喜愛照射陽光，但夏季可能出現葉燒傷害，需要適度地遮光。耐寒性弱。

Fockea edulis

火星人	●夾竹桃科
	蘿藦亞科火星人屬
	●南非
	●夏型／5℃／★☆☆☆☆

自生於乾燥草原等地帶。老株塊莖肥大至成人張開雙臂才能環抱。花盆架設格柵等設施，引導蔓藤攀爬，枝條太長反覆地修剪亦可。冬季室溫升高，植株還長著葉片時，不斷水，需要偶爾澆水，但以少量為宜。

Fouquieria purpusii

紫福桂樹	●福桂樹科
	福桂樹屬
	●墨西哥中部至南部
	●夏型／5℃／★★★☆☆

伴隨著柱狀仙人掌，自生於乾燥疏樹林地或布滿岩石的地帶。據說可長成株高4m，樹齡好幾百歲的老樹。幹部的深紅色倒卵形模樣最具特徵。耐暑熱、耐寒能力都強，體質強健，但生長非常緩慢。

Fouquieria columnaris

觀峰玉

● 福桂樹科
　福桂樹屬
● 墨西哥下加利福尼亞州
● 冬型／5℃／★★★☆☆

自生於多岩石丘陵等地。大型種可長成株高
20m，直徑50cm細長圓錐狀。小株時期長著壺
形塊莖，抽出枝條之後密生尖銳棘刺。耐寒能力
強，溫帶地區一年四季皆可擺在室外栽培。

Gerrardanthus macrorhizus

睡布袋

● 葫蘆科
　睡布袋屬
● 南非東開普省等
　夏型／5℃／
● ★★☆☆☆

自生於岩石錯落的草
原。圓潤肥大塊根、葉
脈以外部分略帶銀色的
葉片最具特色。蔓性
塊根植物，也適合架設
格柵，引導攀爬。避開
強光，生長期充分地澆
水。低溫期落葉。

Kumara plicatilis

**摺扇蘆薈
（乙姬之舞扇）**

● 刺葉樹科
　阿福花亞科
　摺扇蘆薈屬
● 南非西開普省
● 冬型～春秋型／5℃／
　★★★☆☆

幹部挺立，原本歸類於
蘆薈屬的代表性塊根植
物，以展開成扇形的葉
姿最具特徵。生長於自
生地植株高達4m。綻
放橘色花，以4至5號
盆栽種也開花。均衡地
由各個方向照射陽光，
展開葉片時姿態更美。
炎夏期間需要控水。

Hoodia gordonii

麗杯閣

- 夾竹桃科
  蘿藦亞科麗杯角屬
- 南非、納米比亞南部
- 夏型／10℃／★★☆☆☆

外觀上很像柱狀仙人掌，表面布滿棘刺，看起來尖銳，刺到時不是那麼疼痛。成長之後莖部分枝，株高40cm左右。綻放淺紅褐色花朵，散發腐肉般氣味。需要充分照射陽光，避免過濕。

Ipomoea holubii

何露牽牛

- 旋花科牽牛屬
- 非洲中南部
  （馬拉威、桑比亞等）
- 夏型／10℃／★★★☆☆

自生於灌木林或草原上布滿岩石的地帶。塊根圓形，直徑可達20cm。由塊根頂部長出蔓藤，綻放牽牛花形的花朵。充分地照射陽光，開花情況更好。埋入盆土裡栽培，容易養出肥大塊根。

Jatropha cathartica

錦珊瑚

- 大戟科麻瘋樹屬
- 美國德克薩斯州
  墨西哥北部
- 夏型／5℃／★★★☆☆

塊根直徑20cm，高30cm左右，生長於自生地時，塊根埋在地面下。塊根圓潤，葉色深綠，葉裂鮮明，綻放珊瑚般鮮紅色花朵，魅力十足。休眠期落葉，需要充分照射陽光，不澆水。

Mestoklema tuberosum

Mestoklema tuberosum

- 番杏科聖冰花屬
- 納米比亞南部
  南非小卡魯
- 夏型／5℃／★☆☆☆☆

自生於乾燥灌木林或草原。焦茶色塊莖宛如老樹，表面布滿皺褶與裂痕，栽種構成盆栽風情種種。枝與葉像極了松葉菊莖葉。初夏綻放白色至橘色小花。耐寒能力強。

Larryleachia cactiformis

佛頭玉

● 夾竹桃科蘿藦亞科佛頭玉屬

● 納米比亞

南部至南非北開普省

● 夏型、春秋型／10℃／★★★★★

自生於布滿岩石的地帶等，外觀洽如其名，表面凹凸，宛如佛頭布滿螺髮。成長之後分枝，長成大株（高約30cm）。大多夏季生長，但分布範圍廣，生長型因自生地而不同。花模樣也多采多姿。

Monadenium globosum

Monadenium globosum

●大戟科

翡翠塔屬

●坦桑尼亞南部

●夏型／10℃／★★★☆☆

大戟屬也包含翡翠塔屬，較廣為人知的是E.Bisglobosa。自生於海拔2,000m布滿岩石的地帶，渾圓塊根直徑可達6至7cm。由成長點附近綻放白色至淺桃紅色花。

Monadenium ritchiei ssp. nyambense f. variegatum

將軍閣

●大戟科

翡翠塔屬

●原種出自肯亞

●夏型／5℃／★★☆☆☆

Ritchiei種亞種將軍閣的斑葉品種。幹部肥大，但比基本種小型。成熟之後地下莖蔓延生長，呈現群生狀態。容易出現日燒傷害，炎夏期間需要擺在明亮遮蔭處或適度遮光的場所。需要控水。

Operculicarya decaryi

列加氏漆樹

●漆樹科

蓋果漆屬

●馬達加斯加西南部

●夏型／5℃／★☆☆☆☆

自生於乾燥疏樹林或草原的小喬木。雌雄異株。灰白底微微地帶著淺綠色或淺茶色的枝幹表情最耐人尋味。生長期淋雨亦可，但休眠期需要維持感覺斷水狀態。進行插根就能夠繁殖。

Petopentia natalensis

紫背蘿藦

●夾竹桃科

蘿藦亞科Petopentia屬

●南非東部

●夏型／5℃／★☆☆☆☆

自生於溫暖草原等環境的蔓性塊根植物。一屬一種。塊莖直徑可達40cm。葉片厚實具有光澤感，葉背紫紅色，十分漂亮。蔓性枝條太長時可反覆地修剪。耐寒能力比較強。

Pseudobombax ellipticum

修面刷樹
（足球樹）

● 錦葵科
　假木棉屬
● 中亞、墨西哥
　夏型／5℃／
● ★★☆☆☆

自生於多岩石荒地或疏樹林地，成株高達10m以上的喬木。以塊莖部位表皮龜裂露出綠色與白色模樣最具特徵。春季綻放刷子狀淺粉紅色或白色花。低溫期落葉。褐色莖幹襯托春季新綠更是賞心悅目。

Senna meridionalis

沙漠蘇木

● 豆科決明屬
● 馬達加斯加西南部
● 夏型／5℃／
　★★☆☆☆

自生於布滿礫岩的疏樹林地等地帶。成株高達2至3m。幹部與老枝色澤灰白，表面凹凸起伏呈瘤狀，風味獨特。新綠葉色與灰白幹肌相互輝映，美不勝收。開黃色花。適度地控水以避免徒長。反覆修剪枝條，幹部與側枝長得更粗壯，構成盆栽更增添意趣。

Phyllanthus mirabilis

奇異油柑

- ●大戟科
- 葉下珠屬
- ●泰國北部、遼國
- ●夏型／5℃／★★☆☆☆

自生於石灰岩崖地或林地的小喬木。小株時期基部肥大，呈現德利酒壺狀。最上部長出漂亮的羽狀複葉，夜間葉片閉合。擺在明亮半遮蔭處悉心照料。生長期充分地澆水，休眠期需要斷水。

Pterodiscus speciosus

古城

- ●胡麻科佛肚麻屬Pterodiscus
- ●南非、波札那、賴索托等
- ●夏型／5～10℃／★★★☆☆

自生於乾燥草原。成株塊根最大直徑15cm，最大塊莖直徑10cm，高15cm左右。從小株期間開始，進入生長期就綻放深桃紅色漂亮花朵。充分地照射陽光才能開出漂亮花朵。葉片容易凋萎，生長期避免缺水。

Pyrenacantha malvifolia

錦葉番紅

- ●茶茱萸科刺核藤屬
- ●肯亞、坦桑尼亞
- 衣索匹亞等
- ●夏型／15℃／★★★☆☆

自生於乾燥荒地等地帶。蔓性塊根植物，最大直徑超過1m。大株表皮粗糙，不容易維持姣好形狀；小株時期塊根渾圓漂亮。日照不容易徒長，塊根易腐爛，需要充分地照射陽光。

Pseudolithos migiurtinus

凝蹄玉

- ●夾竹桃科蘿藦亞科凝蹄玉屬
- ●索馬利亞東北部
- ●夏型／15℃／★★★★☆

自生於荒地或隨處岩石的地帶。以布滿鱗狀小顆粒的表皮最具特徵。綻放紅褐色小花。擺在遮光20至30%的環境下維護照料，表皮維持漂亮淺綠色。環境太悶熱時容易腐爛，需要促進通風，盆內確實乾燥才澆水。

Sinningia leucotricha

斷崖女王

● 苦苣苔科
　岩桐屬
● 巴西東南部
● 夏型／5℃／★★☆☆☆

自生於叢林岩縫等場所。葉片布滿白色纖毛，英文名「Brazilian Edelweiss（巴西薄雪草）」。討厭環境太乾燥與強光照射。需要避免太乾燥與適度遮光。冬季落葉，留下塊根獨自休眠。

Uncarina roeoesliana

安卡麗娜

● 胡麻科鉤刺麻屬
● 馬達加斯加
　圖利亞拉省
● 夏型／5℃／★★☆☆☆

自生於布滿岩石的準乾燥地帶或疏樹林地。鉤刺麻屬的最小種。成株高2m左右。自然環境下生長，塊根埋在地面下。以亮麗鮮黃花朵、表面突出如棘刺的果實最具特色。體質強健，容易栽培。

Zamia furfuracea

美葉鳳尾蕉

● 藏米亞科
　藏米亞屬
● 墨西哥韋拉克魯斯州
● 夏型／5℃／★☆☆☆☆

別名墨西哥鐵樹。成長至孩童高度時，長出葉片略寬、對生6至12片羽狀複葉小葉片。雌雄異株。幼株生長緩慢，隨著植株成長加快。避開寒冷時期，擺在全日照或半遮蔭場所悉心照料。

Zamia floridana

佛羅里達鳳尾蕉

● 藏米亞科
　藏米亞屬
● 美國東南部、西印度群島
● 夏型／5℃／★☆☆☆☆

自生於松樹、枹櫟等樹林裡。由塊根至葉尖，成株高度不到1.5m。幹部一半左右埋在地面下，長出長80cm左右的羽狀複葉，對生14至22片小葉。一年四季擺在向陽處，休眠期需要控水。

Chapter 3

全年度
塊根植物栽培指南

Caudiciforms

本書將塊根植物生長型，
區分成「夏型」、「春秋型」、「冬型」，
針對每個月的基本栽培作業、栽種環境與維護管理，
進行詳盡解說。

捲葉垂筒花

全年度塊根植物栽培作業・管理行事曆

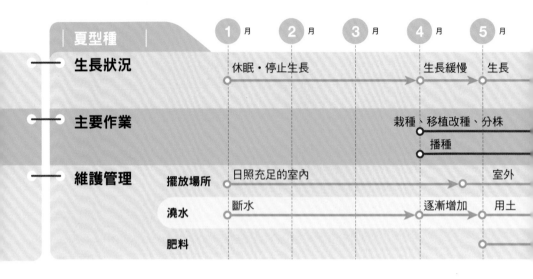

夏型種		1 月	2 月	3 月	4 月	5 月
生長狀況		休眠・停止生長			生長緩慢	生長
主要作業					栽種、移植改種、分株	
					播種	
維護管理	擺放場所	日照充足的室內				室外
	澆水	斷水			逐漸增加	用土
	肥料					

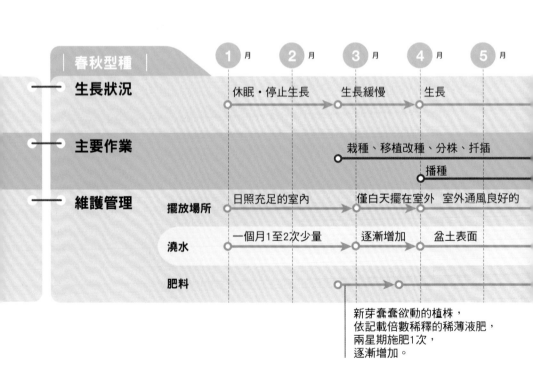

春秋型種		1 月	2 月	3 月	4 月	5 月
生長狀況		休眠・停止生長		生長緩慢	生長	
主要作業				栽種、移植改種、分株、扦插		
				播種		
維護管理	擺放場所	日照充足的室內		僅白天擺在室外	室外通風良好的	
	澆水	一個月1至2次少量		逐漸增加	盆土表面	
	肥料					

新芽蠢蠢欲動的植株，
依記載倍數稀釋的稀薄液肥，
兩星期施肥1次，
逐漸增加。

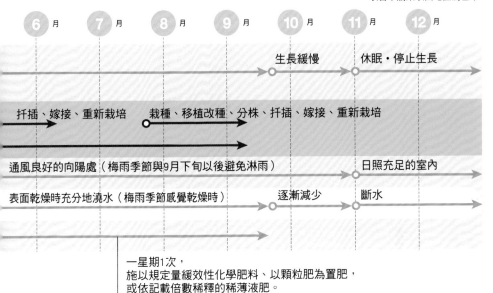

6月	7月	8月	9月	10月	11月	12月

生長緩慢　　　　休眠・停止生長

扦插、嫁接、重新栽培　　栽種、移植改種、分株、扦插、嫁接、重新栽培

通風良好的向陽處（梅雨季節與9月下旬以後避免淋雨）　　日照充足的室內

表面乾燥時充分地澆水（梅雨季節感覺乾燥時）　逐漸減少　斷水

一星期1次，
施以規定量緩效性化學肥料、以顆粒肥為置肥，
或依記載倍數稀釋的稀薄液肥。

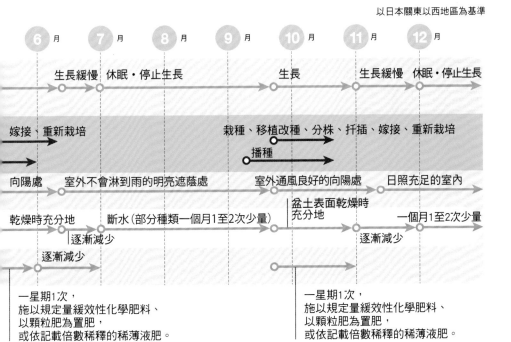

6月	7月	8月	9月	10月	11月	12月

生長緩慢　休眠・停止生長　　　生長　　　生長緩慢　休眠・停止生長

嫁接、重新栽培　　　　栽種、移植改種、分株、扦插、嫁接、重新栽培
　　　　　　　　　　　　播種

向陽處　室外不會淋到雨的明亮遮蔭處　　室外通風良好的向陽處　　日照充足的室內

乾燥時充分地　　斷水（部分種類一個月1至2次少量）　盆土表面乾燥時充分地　　一個月1至2次少量
　逐漸減少　　　　　　　　　　　　　　　　　　　　　逐漸減少
逐漸減少

一星期1次，
施以規定量緩效性化學肥料、
以顆粒肥為置肥，
或依記載倍數稀釋的稀薄液肥。

一星期1次，
施以規定量緩效性化學肥料、
以顆粒肥為置肥，
或依記載倍數稀釋的稀薄液肥。

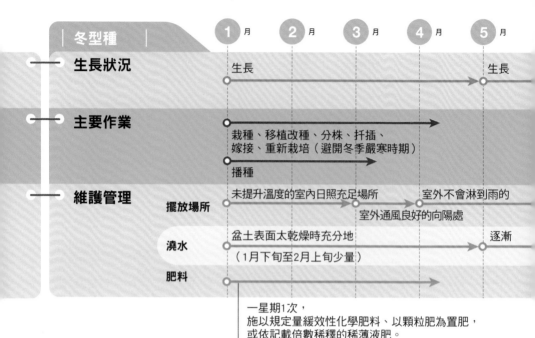

冬型種		1月	2月	3月	4月	5月
生長狀況		生長				生長
主要作業		栽種、移植改種、分株、扦插、 嫁接、重新栽培（避開冬季嚴寒時期） 播種				
維護管理	擺放場所	未提升溫度的室內日照充足場所		室外不會淋到雨的 室外通風良好的向陽處		
	澆水	盆土表面太乾燥時充分地 （1月下旬至2月上旬少量）				逐漸
	肥料					

一星期1次，
施以規定量緩效性化學肥料、以顆粒肥為置肥，
或依記載倍數稀釋的稀薄液肥。

生長型

　　和其他多肉植物一樣，塊根植物生長過程也歷經旺盛生長時期（生長期）、停止生長時期（休眠・停止生長期）。在日本栽培塊根植物時，可根據生長期差異區分成三種生長型。深入了解各種類的生長型，對於提升塊根植物栽培實力至為重要。

　　但此生長型區分只是便於分類探討，塊根植物的實際生長期與休眠・停止生長期，會隨著栽培地區的氣候條件、栽培環境等因素而改變，與此區難免出現若干差異。譬如說，同樣為春秋型種，實際上卻廣泛隱含近似夏型種或近似冬型種等特質。

　　除此之外，分布地區廣泛的種類，也可能出現自生地相同，但生長型各不相同的情形。平常就應該仔細地觀察親手栽培的植株，配合該植株生長狀態，進行維護管理。

夏型種

　　春季開始生長，炎熱夏季旺盛生長，秋季氣溫下降生長變緩慢，冬季休眠・停止生長。生長適溫為20至35℃。

　　大部分種類喜愛強光。冬季必須完全斷水，以免引發根腐病而植株枯死，確保各種類塊根植物生長適溫，避免低於過冬最低溫度。代表性種類為蘆薈屬、大戟屬、棒槌樹屬、沙漠玫瑰屬等。

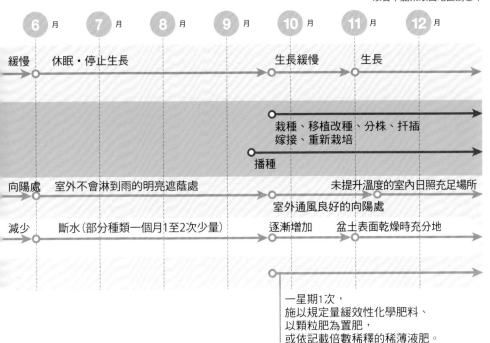

| 6月 | 7月 | 8月 | 9月 | 10月 | 11月 | 12月 |

緩慢　休眠・停止生長　　　　　　　生長緩慢　　生長

栽種、移植改種、分株、扦插
嫁接、重新栽培

播種

向陽處　室外不會淋到雨的明亮遮蔭處　　　　未提升溫度的室內日照充足場所

室外通風良好的向陽處

減少　斷水（部分種類一個月1至2次少量）　逐漸增加　盆土表面乾燥時充分地

一星期1次，
施以規定量緩效性化學肥料、
以顆粒肥為置肥，
或依記載倍數稀釋的稀薄液肥。

春秋型種

春季與秋季氣候舒爽，塊根植物旺盛生長。夏季炎熱生長變緩慢，冬天嚴寒植株休眠・停止生長。生長適溫為10至25℃。

夏季悶熱需留意，進行控水，強迫進入休眠・停止生長狀態比較安心。冬季低溫與過濕需提高警覺。代表性種類為部分回歡龍屬、部分大戟屬、佛頭玉屬等。

冬型種

秋季氣溫逐漸下降開始生長，寒冷冬季旺盛生長。春季氣溫升高生長變緩慢，夏季休眠・停止生長。生長適溫5至20℃。

原則上夏季完全斷水，但有些種類需要一個月1至2次，澆水潤濕盆土表面。代表性種類為厚敦菊屬、天竺葵屬、鳳嘴葵屬、奇峰錦屬等。

栽培塊根植物的肥料施用量

相較於花草類植物，仙人掌、多肉植物的肥料施用量通常比較少，因此栽培塊根植物時也容易產生這種想法，其實這是一種誤解。塊根植物的魅力在於塊根或塊莖，而枝葉必須旺盛生長，塊根、塊莖才會長得肥大壯實。希望植株長大，生長期必須積極施肥。

本書中記載肥料施用量是栽培塊根植物時，能夠促進植株成長、塊根與塊莖肥大的基準。栽培的植株已經成熟，塊根與塊莖長得十分肥大，只想維持該狀態的人，可減少肥料施用量。使用緩效性化學肥料或顆粒肥時，可將記載施用量減半，使用液肥時則依記載倍數稀釋之後使用，一個月施肥1次或兩星期施肥1次即可。

1月的塊根植物

正式迎接寒冬到來，擺在日照充足的室內窗邊，厚敦菊屬、奇峰錦屬等冬型種塊根植物，繼續旺盛生長著。10月開始綻放的厚敦菊屬繼續開花。夏型種、春秋型種直到春天都還處於休眠狀態。

Euphorbia ecklonii

鬼笑

- ●大戟科
  大戟屬
- ●南非西開普省
- ●冬型／5℃／★★★☆☆

自生於布滿岩石的地帶。塊根最大直徑5至6cm，生長於自生地時，塊根長在地面下。雌雄異株。

✋ 本月的栽培作業

夏型種・春秋型種

處於休眠・停止生長狀態，不展開作業。

休眠、生長狀態的分辨方法

落葉性塊根植物處於休眠狀態時，葉片變黃或落葉；處於生長狀態時，開始萌芽，長出葉片。常綠性塊根植物則不容易分辨，氣溫達到該種類的生長適溫時植株繼續生長，低於該溫度範圍時生長變緩慢或進入休眠狀態。仔細觀察，從氣溫與植株狀態進行綜合性判斷。

留意低溫障礙

冬季低溫期（10℃以下），夏型種塊根植物長時間附著水滴或淋濕，葉片容易出現黑點或孔洞，需留意（圖為蔓莖葡萄甕。參照P.99）。

冬型種

●**栽種、移植改種、分株、重新栽培**／室溫穩定，植株持續生長，即可展開栽種、移植改種、分株（參照P.80至P.83）、重新栽培（參照P.91）作業。若室溫太低，植株生長停滯，各項作業等嚴寒時期過後再進行。

●**扦插、嫁接**／室溫穩定，植株持續生長，則厚敦菊屬、奇峰錦屬等種類，即可展開扦插（參照P.84至P.86）作業。但以扦插方式栽培的塊根植物，根部、莖部、枝幹不會長粗壯的種類非常多，作業前請先確認。其中不乏適合嫁接（參照P.90）的種類。

●**播種**／採收種子之後立即播種（參照P.88至P.89），擺在溫暖的室內（15至20℃）。

本月的栽培環境・維護管理

夏型種

擺放場所

日照充足的室內／擺在日照充足的室內窗邊等場所悉心照料。正處於嚴寒時期，清晨室溫下降時需留意，應維持栽培種類的過冬最低溫度。夜間窗邊異常寒冷，塊根植物最好移往室內中央的平台等設施上。白天塊莖也好好地曬曬太陽，有助於提升耐寒性。

澆水

休眠中斷水／休眠期間斷水。擺放場所維持感覺乾燥狀態。濕度太高、夜間溫度下降時結露而植株太潮濕，容易引發低溫障礙。

肥料

不施肥／處於休眠狀態，不施肥。

春秋型種

擺放場所

日照充足的室內／擺在日照充足的室內窗邊等場所悉心照料。耐寒能力較強的種類，避免接觸到雨水或霜，擺在室外日照充足的場所也能夠栽培。寒流來襲擔心凍傷時移入室內。

澆水

一個月1至2次少量／一個月1至2次，於天氣晴朗溫暖的上午時段，稍微澆水潤濕盆土表面。

肥料

不施肥／處於休眠狀態，不施肥。

冬型種

擺放場所

未提升溫度的室內／擺在未提升溫度、日照充足的室內窗邊等場所悉心照料。室溫太高時植株準備進入休眠，天氣晴朗時，白天加強換氣，確保生長適溫。

澆水

乾燥時充分澆水／盆土表面乾燥時，於天氣晴朗溫暖的上午時段充分地澆水。但1月下旬至2月上旬的嚴寒時期，生長變緩慢，需要控水。

肥料

處於生長狀態即施肥／處於生長狀態即一星期1次，施以規定量緩效性化學肥料、以顆粒肥為置肥，或依記載倍數稀釋的稀薄液肥。

2月的塊根植物

天氣嚴寒，但冬型種繼續旺盛生長著。夏型種、春秋型種處於休眠或停止生長狀態。中旬過後，白晝增長，日照也增強，春秋型種塊根植物中有些植株已經漸漸地開始恢復生長。

Tylecodon paniculatus

阿房宮

●景天科
　奇峰錦屬
●南非、納米比亞
●冬型／5℃／★☆☆☆☆

奇峰錦屬的最大種，幹部直徑可達40cm。與鍾馗的自然交配種也廣為人知。

本月的栽培作業

夏型種

處於休眠・停止生長狀態，不展開作業。

春秋型種・冬型種

● **栽種、移植改種、分株、重新栽培**／植株恢復生長的春秋型種、持續生長的冬型種，皆可展開栽種、移植改種、分株（參照P.80至P.83）、重新栽培（參照P.91）作業。

● **扦插、嫁接**／室溫穩定，植株持續生長，則厚敦菊屬、奇峰錦屬等冬型種，恢復生長的春秋型種，即可展開扦插（參照P.84至P.86）作業。但以扦插方式栽培的塊根植物，根部、莖部、枝幹不會長粗壯的種類非常多，作業前請先確認。其中不乏適合嫁接（參照P.90）的種類。

● **播種**／冬型種採收種子之後立即播種（參照P.88至P.89），擺在溫暖的室內（15至20℃）。

留意這種害蟲！

擺在開著暖氣的溫暖室內，容易出現粉介殼蟲危害。發現時立即驅除（參照P.98）。

附著在惠比須笑（Pachypodium brevicaule）莢果基部的粉介殼蟲。

本月的栽培環境・維護管理

夏型種

擺放場所

日照充足的室內／擺在日照充足的室內窗邊等場所悉心照料。中旬為止還處於嚴寒時期，需努力地維持栽培種類的過冬最低溫度。夜間窗邊異常寒冷，塊根植物移往室內中央的平台等設施上，蓋上保麗龍箱等更安心。白天塊莖也好好地曬曬太陽，有助於提升耐寒性。

澆水

休眠中斷水／如同1月作法。中旬過後，白天室溫升高，新芽開始萌發。若於此時期澆水，容易因夜間氣溫驟降而傷害植株。

肥料

不施肥／處於休眠狀態，不施肥。

春秋型種

擺放場所

日照充足的室內／擺在日照充足的室內窗邊等場所悉心照料。耐寒能力較強的種類，避免接觸到雨水或霜，擺在室外日照充足的場所也能夠栽培。寒流來襲擔心凍傷時移入室內。

澆水

一個月1至2次少量／一個月1至2次，於天氣晴朗溫暖的上午時段，稍微澆水潤濕盆土表面。萌發新芽的植株逐漸增加澆水次數。

肥料

不施肥／處於休眠狀態的植株不施肥。萌發新芽的植株恢復施肥。兩星期1次，依記載倍數稀釋成稀薄液肥之後進行施肥，逐漸增加次數。

冬型種

擺放場所

未提升溫度的室內／擺在未提升溫度、日照充足的室內窗邊等場所悉心照料。持續高溫就會提早進入休眠狀態，天氣晴朗時，白天暫時打開窗戶等加強換氣，確保生長適溫。耐寒能力較強的種類擺在室外維護照料時，若寒流來襲，夜間移入室內。

澆水

乾燥時充分澆水／盆土表面乾燥時，於天氣晴朗溫暖的上午時段充分地澆水。但中旬為止生長還很緩慢，需要控水。

肥料

處於生長狀態即施肥／處於生長狀態即一星期1次，施以規定量緩效性化學肥料、以顆粒肥為置肥，或依記載倍數稀釋的稀薄液肥。

3月的塊根植物

週期性反覆出現暖和天氣與寒冷天氣，春天降臨的時期。鳳嘴葵屬、天竺葵屬開始綻放花朵。冬型種依然旺盛生長，植株壯實，春秋型種漸漸恢復生長，夏型種還處於休眠狀態。

Euphorbia crispa

波濤麒麟

● 大戟科大戟屬
● 南非北開普省
　西開普省
● 冬型／5℃／★★★★★

由地際分頭，成為群生株，成長非常緩慢，長期間維持難度高。

 本月的栽培作業

夏型種

處於休眠・停止生長狀態，不展開作業。

春秋型種・冬型種

● **栽種、移植改種、分株、重新栽培**／處於生長狀態或恢復生長的種類，即可展開栽種、移植改種、分株（參照P.80至P.83）、重新栽培（參照P.91）作業。
● **扦插、嫁接**／處於生長狀態或恢復生長的種類，即可展開扦插（參照P.84至P.86）、嫁接（參照P.90）作業。
● **播種**／冬型種於上旬之前採收種子立即播種（參照P.88至P.89），擺在溫暖的室內（15至20℃）。

健壯苗・徒長苗

購買幼苗時請挑選節距較小的健壯苗（左）。就姿形而言，尤其是購買塊根植物，更應避免購買徒長苗（右）（圖為夏型種祖魯五加）

 留意這些害蟲！

氣溫回升，容易出現粉介殼蟲、蚜蟲危害。發現時立即驅除（參照P.98）。

本月的栽培環境・維護管理

夏型種

擺放場所

日照充足的室內／擺在日照充足的室內窗邊等場所悉心照料。夜間氣溫驟降，必須設法提升溫度、進行保溫，努力維持各接續種類的過冬最低溫度。日照增強，白天室溫可能升高，需加強換氣。

澆水

休眠中斷水／如同1月作法。中旬過後，日照增強，白天室溫升高，新芽開始萌發。若於此時期澆水，容易因夜間氣溫驟降而傷害植株。因此需要繼續斷水，維持休眠狀態。

肥料

不施肥／還處於休眠狀態，不施肥。

春秋型種・冬型種

擺放場所

日照充足的室內／由室內窗邊移出室外。以能夠長時間照射陽光、通風良好場所較為理想。但植株已習慣室內環境，突然移出室外照射直射陽光，容易出現葉燒、幹燒等傷害，需要多花些時日，讓植株慢慢地習慣日照。春秋型種夜間需移入室內，氣溫驟降可能下霜時，冬型種也要移入室內。

澆水

逐漸增加／乾燥時充分澆水／開始恢復生長的春秋型種，逐漸增加澆水次數。但中旬為止生長緩慢，還需要控水。冬型種則於盆土表面乾燥時充分地澆水。

肥料

處於生長狀態即施肥／恢復生長的春秋型種植株、持續生長的冬型種植株才進行施肥，一星期1次，施以規定量緩效性化學肥料、以顆粒肥為置肥，或依記載倍數稀釋的稀薄液肥。

4月的塊根植物

春天正式降臨，白天氣溫升高，夜間適度下降。因此冬型種還持續生長著，植株更加壯實的時期。春秋型種旺盛生長，夏型種也漸漸地由休眠狀態甦醒，棒槌樹屬綻放黃色花朵。

Boswellia neglecta

尼哥乳香

● 橄欖科
　乳香屬
● 非洲東部
● 夏型／10℃／★★★☆☆

自生於稀樹草原，成株可高達5至6m。樹液是製造知名香料「乳香」的原料。

本月的栽培作業

夏型種・春秋型種・冬型種

● **栽種、移植改種、分株、重新栽培**／處於生長狀態即可展開栽種、移植改種、分株（參照P.80至P.83）、重新栽培（參照P.91）作業。冬型種接近休眠期，上旬為止結束作業。

● **扦插、嫁接**／處於生長狀態即可展開扦插（參照P.84至P.86）或嫁接（參照P.90）作業。冬型種上旬為止結束作業，喜愛高溫的夏型種等待至氣溫確實回升為止。

● **播種**／除了冬型種之外，採收種子之後立即播種（參照P.88至P.89）。

由種子開始栽培的實生株姿態

由種子開始栽培的塊根植物，可能因為遺傳基因差異，個體成長之後出現不同形狀的情形。圖中皆為實生栽培三年左右的筒蝶青，左起依序為筆直生長、長滿棘刺、渾圓飽滿、長出多根枝條等展現多種姿態（不論好壞）。不只是棒槌樹屬，從種子開始栽培的塊根植物出現個體差異的情形並不少見。

本月的栽培環境・維護管理

夏型種

擺放場所

下旬起移出室外／中旬為止擺在日照充足的室內窗邊等場所悉心照料。天氣晴朗時，白天開窗加強換氣。下旬氣溫上升，讓植株漸進適應日照，移出室外日照充足、通風良好場所。喜愛高溫的種類，繼續擺在室內日照充足的場所栽培一陣子。

澆水

逐漸增加／生長還很緩慢，感覺有點乾燥時澆水。隨著氣溫上升，植株生長越來越旺盛，逐漸增加澆水次數。

肥料

不施肥／生長還很緩慢，不施肥。

春秋型種

擺放場所

日照充足的室外／擺在室外日照充足、通風良好的場所悉心照料。

澆水

乾燥時充分澆水／盆土表面乾燥時，充分地澆水。

肥料

處於生長狀態即施肥／一星期1次，施以規定量緩效性化學肥料、以顆粒肥為置肥，或依記載倍數稀釋的稀薄液肥。

冬型種

擺放場所

室外遮雨場所／擺在室外能夠遮雨、日照充足、通風良好的場所悉心照料。通風不良、擺放場所呈現高溫，容易進入休眠狀態，需留意！

澆水

乾燥時充分澆水／盆土表面乾燥時，充分地澆水。

肥料

處於生長狀態即可施肥／持續生長的植株，至上旬為止，一星期1次，依記載倍數稀釋成稀薄液肥之後進行施肥亦可。

！ 留意這種害蟲！

開始出現粉介殼蟲、蚜蟲危害。發現時立即驅除（參照P.98）。

5月的塊根植物

薰風徐徐的季節。連日晴朗，日照也漸漸增強。除了部分喜愛高溫的種類之外，大部分夏型種、春秋型種都旺盛地生長。棒槌樹屬塊根植物迎接開花全盛時期到來。部分冬型種準備進入休眠・停止生長狀態。

Pachypodium succulentum

天馬空

- ●夾竹桃科
  棒槌樹屬
- ●南非東開普省、西開普省
- ●夏型／5℃／★★☆☆☆

塊根紡錘形，成株可高達1m。花瓣5片深裂，花色為白色至淺桃紅色。

本月的栽培作業

夏型種・春秋型種

●**栽種、移植改種、分株、重新栽培**／氣溫、天氣穩定，是展開栽種（參照P.80）、移植改種（參照P.81）、分株（參照P.82至P.83）、重新栽培（參照P.91）作業的絕佳時期。長期栽培而生長變緩慢的植株，必須及早移植改種。姿態雜亂的植株進行截剪重新栽培。作業時期越晚，塊根植物生長期間越短。

●**扦插、嫁接**／適合展開扦插（參照P.84至P.86）、嫁接（參照P.90）作業的時期。

●**播種**／除了冬型種之外，採收種子之後立即播種（參照P.88至P.89）。

花後修剪花莖

覺得花後花莖太長不美觀時，適度地修剪，調整株姿。圖為花後花莖太長株姿不漂亮的愛氏延命草。不採收種子時，由花莖基部修剪，調整株姿（右）。

截剪前　　　　　　　　　截剪後

冬型種

即將進入休眠狀態，各項作業也不再進行。

本月的栽培環境・維護管理

夏型種・春秋型種

擺放場所

日照充足的室外／擺在室外日照充足的場所悉心照料。日照增強，剛移出室外的植株、喜愛柔和光線的種類等，擺在半遮蔭等場所，避免出現葉燒、幹燒等傷害。無論是預防日燒傷害或栽培健康植株，確保通風都十分重要。

澆水

乾燥時充分澆水／盆土表面乾燥時充分地澆水。

肥料

進行施肥促進生長／一星期1次，施以規定量緩效性化學肥料、以顆粒肥為置肥，或依記載倍數稀釋的稀薄液肥。

冬型種

擺放場所

盡量擺在涼爽的室外／擺在不會淋到雨的室外悉心照料。上午照得到陽光，下午很快形成遮蔭又通風良好的場所最適合擺放。若擺在陽光照射至傍晚，持續呈現高溫的場所，植株會提早進入休眠狀態。盡量擺在涼爽場所，努力控制溫度，延長植株的生長期。

澆水

逐漸減少／生長狀況越來越差、葉片變黃時，逐漸減少澆水。

肥料

不施肥／即將進入休眠狀態，此時期不施肥。

 留意這種害蟲！

容易出現粉介殼蟲、蚜蟲危害。發現時立即驅除（參照P.98）。移植改種時，根部附著白色棉絮狀物質，表示已經出現根粉介殼蟲（根蝨）。發現時需徹底清除盆土，將損傷的根部清理乾淨，以強勁水流沖洗，乾燥數日之後，以新盆、新土進行移植改種。

6月

6月的塊根植物

中旬梅雨季節來臨，濕度高，連日陰雨。冬型種即將進入休眠・停止生長狀態，落葉性種類葉片變黃之後落葉。夏型種、春秋型種旺盛生長，回歡龍屬等種類開花。

Cussonia natalensis

納塔勒斯

- 五加科
  粗根樹屬
- 南非、辛巴威、史瓦帝尼
- 夏型／5℃／★★☆☆☆

成株可高達10m的喬木。幼株時塊根具觀賞價值。休眠期落葉。

 本月的栽培作業

夏型種・春秋型種

●**栽種、移植改種、分株、重新栽培**／植株旺盛生長的種類，即可展開栽種（參照P.80）、移植改種（參照P.81）、分株（參照P.82至P.83）、重新栽培（參照P.91）作業。但梅雨季節濕度太高，切口、傷口不易乾燥，作業之後容易腐爛。各項作業盡量於梅雨季節之前完成。

●**扦插、嫁接**／可展開扦插（參照P.84至P.86）、嫁接（參照P.90）作業。但梅雨季節容易腐爛，於梅雨季節前完成作業。

●**播種**／夏型種適期。採收種子之後立即播種（參照P.88至P.89）。

冬型種

休眠中或即將進入休眠狀態，不展開作業。

 留意這種害蟲！

延續5月，留意粉介殼蟲、蚜蟲。根粉介殼蟲（根蟲）等害蟲（參照P.98）。

本月的栽培環境・維護管理

夏型種

擺放場所

梅雨季節避免淋雨／擺
在室外日照充足、通風
良好的場所悉心照料。
喜愛強光的種類照射直
射陽光，不耐強光種類
架設遮光網等調節光
量。梅雨季節避免淋
雨。

澆水

梅雨季節感覺乾燥時／
梅雨季節前，盆土表面
乾燥時充分地澆水。梅
雨季節期間盆土容易過
濕引發根腐病，環境比
較悶熱，盆土必須維持
感覺乾燥狀態。

肥料

旺盛生長的植株進行施
肥／旺盛生長的植株，
一星期1次，施以規定量
緩效性化學肥料、以顆
粒肥為置肥，或依記載
倍數稀釋的稀薄液肥。

春秋型種

擺放場所

梅雨季節避免淋雨／擺
在室外日照充足、通風
良好的場所悉心照料。
不耐強光的種類架設遮
光網等形成適度遮蔭。
梅雨季節避免淋雨。

澆水

逐漸減少／梅雨季節前，
盆土表面乾燥時充分地
澆水。梅雨季節期間維
持感覺乾燥狀態。

肥料

逐漸減少／即將進入休
眠狀態時期，逐漸減少
肥料。

冬型種

擺放場所

明亮遮蔭／擺在不會淋
到雨，通風良好的明亮
遮蔭處悉心照料。植株
進入休眠狀態時照射直
射陽光，容易引發日燒
傷害，或導致植株枯
萎，需留意！

澆水

斷水／不澆水。但波濤
麒麟、阿房宮等小型
種，根部纖細，不耐乾
燥，一個月澆水1至2
次。於涼爽時段澆水，
潤濕盆土表面即可。

肥料

不施肥／休眠中或即將
進入休眠狀態，因此不
施肥。

7月的塊根植物

濕漉漉的梅雨季節持續到中旬，下旬出梅，炎熱夏季正式來臨。夏型種旺盛生長，春秋型種生長變緩慢後，進入休眠・停止生長狀態。冬型種處於休眠或停止生長狀態。

Euphorbia 'Sotetsukirin'

蘇鐵麒麟

- 大戟科
  大戟屬
- 種間交配種（日本）
- 夏型／5℃／★★☆☆☆

鐵甲丸的種間交配種，但培育詳情不明。目前有多個系統流通市面，存在雌株與雄株。

本月的栽培作業

夏型種

- **栽種、移植改種、分株、重新栽培**／旺盛生長的種類即可展開栽種（參照P.80）、移植改種（參照P.81）、分株（參照P.82至P.83）、重新栽培（參照P.91）作業。但梅雨季節濕度太高，切口、傷口不易乾燥，作業後容易腐爛，盡量於梅雨季節過後進行。
- **扦插、嫁接**／可展開扦插（參照P.84至P.86）、嫁接（參照P.90）作業。但梅雨季節容易腐爛，盡量於梅雨季節過後進行。
- **播種**／適期。採種種子之後立即播種（參照P.88至P.89）

春秋型種・冬型種

處於休眠・停止生長狀態，不展開作業。

 留意這種害蟲！

高溫乾燥時期容易出現葉蟎危害，需留意！葉蟎多發時期可能出現葉片變黃之後落葉的情形。及早以花木類、觀葉植物適用殺蟎劑驅除害蟲（參照P.98）。

葉蟎危害，葉片變黃的沙漠玫瑰。

本月的栽培環境・維護管理

夏型種

擺放場所

照射直射陽光／大部分種類移出室外日照充足、通風良好的場所栽培，照射直射陽光。有些種類淋到雨也無妨。不耐強光的種類架設遮光網，適度遮光，或移往半遮蔭場所悉心照料。

澆水

傍晚或夜間／盆土表面乾燥時充分地澆水。但白天澆水太悶熱，最好於傍晚或夜間等涼爽時段澆水。
肥料

肥料

生長旺盛植株進行施肥／一星期1次，施以規定量緩效性化學肥料、以顆粒肥為置肥，或依記載倍數稀釋的稀薄液肥。

春秋型種・冬型種

擺放場所

擺在涼爽場所越夏／擺在室外不會淋到雨的明亮遮蔭處越夏。盡量挑選通風良好、乾燥涼爽的場所，植株距離必須很充分。

澆水

斷水／基本上需要斷水。若澆水不恰當可能引發根腐病、損傷植株。但波濤麒麟、奇峰錦屬的小型種等，根部纖細，耐乾燥能力較弱的種類，一個月1至2次，於傍晚至夜間涼爽時段澆水，潤濕盆土表面即可。

肥料

不施肥／處於休眠或停止生長狀態，因此不施肥。

成長點損傷的主要原因

過濕、通風不良導致成長點附近損傷，轉變成茶色（畫圈處）的夏型種九頭龍（Euphorbia inermis）。不論生長型，大戟屬章魚型（參照P.17）塊根植物容易發生。也可能引發灰黴病或停止生長，需留意（參照P.99）。

8月

8月的塊根植物

烈日當空、夏日炎炎。沙漠玫瑰屬、棒槌樹屬等,喜愛高溫的夏型種旺盛生長。冬型種、春秋型種處於休眠‧停止生長狀態。奇峰錦屬塊根植物於此時期開花。

Pachypodium horombense
(P.roslatum var. horombense)

筒蝶青

- 夾竹桃科
  棒槌樹屬
- 馬達加斯加中央高地
- 夏型／10℃／★★☆☆☆

自生於布滿岩石的地帶,成株可高達1m左右。開黃色吊鐘形花,裂片端部細尖。

🖐 本月的栽培作業

夏型種

- **栽種、移植改種、分株、重新栽培**／旺盛生長的種類即可展開栽種(參照P.80)、移植改種(參照P.81)、分株(參照P.82至P.83)、重新栽培(參照P.91)作業。高溫潮濕時期雜菌容易繁殖,切口、傷口必須確實乾燥才可栽種。日照強烈,作業後至開始萌芽為止,必須擺在明亮遮蔭處悉心維護照料。
- **扦插、嫁接**／可展開扦插(參照P.84至P.86)、嫁接(參照P.90)作業。
- **播種**／適期。採收種子之後立即播種(參照P.88至P.89)。

適合摘子繁殖的種類

塊根植物和其他植物一樣,有些種類也適合從親株摘下子株,進行扦插繁殖。圖中植株就是實例,左起依序為峨眉山、將軍閣、晃玉。繁殖方法請參照P.85。

春秋型種‧冬型種

處於休眠‧停止生長狀態,因此不展開作業。

夏型種

本月的栽培環境・維護管理

春秋型種・冬型種

擺放場所

照射直射陽光／大部分種類擺在室外日照充足、通風良好的場所栽培，照射直射陽光，悉心維護照料。有些種類淋雨也無妨。不耐強光的種類設置遮光網適度地遮擋光線，或擺在半遮蔭場所悉心照料。

澆水

花盆周邊也灑水／盆土表面乾燥時充分地澆水。於傍晚或夜間澆水，花盆周邊也灑水，使環境更加涼爽。

肥料

旺盛生長的植株進行施肥／一星期1次，施以規定量緩效性化學肥料、以顆粒肥為置肥，或依記載倍數稀釋的稀薄液肥。

擺放場所

擺在涼爽場所越夏／擺在室外不會淋到雨的明亮遮蔭處越夏。盡量挑選通風良好、乾燥涼爽的場所，植株距離必須很充分。

澆水

斷水／基本上需要斷水。若澆水不恰當，可能引發根腐病、損傷植株。但波濤麒麟、奇峰錦屬的小型種等，根部纖細，耐乾燥能力較弱的種類，一個月1至2次，於傍晚至夜間涼爽時段澆水，潤濕盆土表面。

肥料

不施肥／處於休眠・停止生長狀態，因此不施肥。

留意這種害蟲！

如同7月，正逢高溫乾燥時期，最容易出現葉蟎危害。葉蟎大舉出動時，葉片出現白色斑點，不久後變黃、落葉的情形很常見。及早以花木類、觀葉植物適用殺蟎劑驅除（參照P.98）。

9月的塊根植物

中旬為止依然暑氣未消，邁入下旬夜間氣溫漸漸下降。除了春秋型種之外，大部分冬型種也開始恢復生長，厚敦菊屬、奇峰錦屬等開始長出新葉。相對地，夏型種生長變緩慢。★

Ledebouria undulata

Ledebouria undulata

- ●天門冬科油點百合屬
- ●南非北開普省、西開普省東開普省（卡魯）
- ●夏型／5℃／★★☆☆☆

鱗莖原本埋在地面下。秋末葉片枯萎越冬，春天綻放紫桃紅色花。

✋ 本月的栽培作業

夏型種

●**栽種、移植改種、分株、重新栽培**／上旬為止，持續生長的種類可展開栽種（參照P.80）、移植改種（參照P.81）、分株（參照P.82至P.83）、重新栽培（參照P.91）作業。球腺蔓等蔓性、半蔓性種類的蔓藤或枝條太長時，進行截剪，調整株姿。及早作業，以免氣溫下降，作業之後，根部、新芽生長狀況變差，影響過冬，需留意。

●**扦插、嫁接**／上旬為止，可展開扦插（參照P.84至P.86）或嫁接（參照P.90）作業。

●**播種**／上旬為止可播種。採收種子之後立即播種（參照P.88至P.89）。

春秋型種·冬型種

●**栽種、移植改種、分株、重新栽培**／下旬過後暑氣漸漸退去，開始生長的種類即可展開栽種（參照P.80）、移植改種（參照P.81）、分株（參照P.82至P.83）、重新栽培（參照P.91）作業。

●**扦插、嫁接**／下旬即可展開扦插（參照P.84至P.86）或嫁接（參照P.90）作業。

●**播種**／中旬即可播種。採收種子之後立即播種（參照P.88至P.89）。

❗ 留意這種害蟲！

容易發生葉蟎、粉介殼蟲、蚜蟲、根粉介殼蟲（根蟎），提高警覺！（參照P.98）。

本月的栽培環境・維護管理

夏型種

擺放場所

照射直射陽光／擺在室外日照充足、通風良好的場所，照射直射陽光，悉心照料。下旬開始，原本在遮光或半遮蔭環境下栽培的種類，也移往日照充足的場所。一直在未遮雨環境下栽培的植株，也移往不會淋到雨的場所。

澆水

下旬起感覺乾燥時／盆土表面乾燥時充分地澆水。下旬開始，感覺乾燥時才澆水，逐漸拉長澆水間隔。

肥料

旺盛生長的植株進行施肥／至中旬為止，一星期1次，施以規定量緩效性化學肥料、以顆粒肥為置肥，或依記載倍數稀釋的稀薄液肥。

春秋型種

擺放場所

日照充足的室外／暑氣全消，植株恢復生長之後，移出室外日照充足、通風良好的場所。植株突然照射陽光，容易造成葉燒等傷害，需要漸進地適應日照。

澆水

恢復生長後／植株恢復生長之後，盆土表面乾燥時，充分地澆水。

肥料

恢復生長植株進行施肥／植株恢復生長之後，一星期1次，施以規定量緩效性化學肥料、以顆粒肥為置肥，或依記載倍數稀釋的稀薄液肥。

冬型種

擺放場所

擺在涼爽場所越夏／處於休眠狀態期間，擺在室外不會淋到雨的明亮遮蔭處越夏。植株恢復生長之後，漸進地移往日照充足的場所。

澆水

天氣涼爽後逐漸／夜間氣溫大幅下降，塊根植物開始萌芽即可恢復澆水。起初少量多次澆水，以促進植株生長。

肥料

不施肥／處於休眠狀態期間不施肥。恢復生長的植株，一星期1次，施以規定量緩效性化學肥料、以顆粒肥為置肥，或依記載倍數稀釋的稀薄液肥。

10月的塊根植物

秋高氣爽，天氣晴朗。春秋型種旺盛生長，冬型種也進入生長期，夏型種生長變緩慢，沙漠玫瑰屬、棒槌樹屬等冬季落葉種類，即將進入休眠·停止生長狀態，葉片逐漸變黃。

Didierea madagascariensis

馬達加斯加龍樹

- 刺戟木科（龍樹科）
  刺戟木屬（龍樹屬）
- 馬達加斯加南部
- 夏型／10℃／★★★☆☆

植株成長後分枝，成株樹高可超過10m。主要繁殖方法為播種、嫁接。扦插亦可繁殖，但難度高。

 本月的栽培作業

夏型種

即將進入休眠狀態，各項作業也不再進行。

春秋型種 · 冬型種

●**栽種、移植改種、分株、重新栽培**／處於生長狀態的植株，即可展開栽種（參照P.80）、移植改種（參照P.81）、分株（參照P.82至P.83）、重新栽培（參照P.91）作業。氣溫開始下降，春秋型種於中旬前完成作業。

●**扦插、嫁接**／可展開扦插（參照P.84至P.86）、嫁接（參照P.90）作業。氣溫開始下降，春秋型種於中旬前完成作業。

●**播種**／採收種子之後立即播種（參照P.88至P.89）。氣溫開始下降，春秋型種於中旬前完成作業。

！ **留意這種害蟲！**

容易發生粉介殼蟲、蚜蟲危害，需留意！害蟲數量較少時，以柔軟牙刷或強勁水流沖刷驅除（參照P.98）。

本月的栽培環境・維護管理

夏型種

擺放場所

照射直射陽光／擺在室外日照充足、通風良好的場所悉心照料。植株避免淋到雨。

澆水

感覺乾燥時／即將進入休眠狀態，氣溫低於20℃時，喜愛高溫的種類逐漸拉長澆水間隔，盆土維持感覺斷水狀態。低溫潮濕容易引發根腐病。不喜歡高溫的落葉種類葉色開始變黃時，常綠種類生長變緩慢時（肉眼不易分辨，必須仔細觀察），盆土維持感覺乾燥狀態。

肥料

不施肥／即將進入休眠狀態，因此不施肥。

春秋型種

擺放場所

日照充足的室外／擺在室外日照充足、通風良好的環境悉心照料。盡量增加照射直射陽光的時間。

澆水

乾燥時充分澆水／盆土表面乾燥時，充分地澆水。

肥料

進行施肥促進生長／植株旺盛生長，一星期1次，施以規定量緩效性化學肥料、以顆粒肥為置肥，或依記載倍數稀釋的稀薄液肥。

冬型種

擺放場所

日照充足的室外／植株開始恢復生長，移出室外日照充足、通風良好的場所。讓植株漸進習慣日照，避免造成葉燒等傷害。

澆水

觀察生長狀況／盆土表面乾燥時，充分地澆水。確認植株恢復生長，或依然處於休眠狀態，仔細觀察生長狀況，調節澆水次數。

肥料

恢復生長即施肥／恢復生長的植株，一星期1次，施以規定量緩效性化學肥料、以顆粒肥為置肥，或依記載倍數稀釋的稀薄液肥。

11月的塊根植物

冬季腳步越來越近，氣溫逐漸下降。夏型種進入休眠・停止生長狀態，沙漠玫瑰屬、棒槌樹屬、鉤刺麻屬等種類落葉。春秋型種生長變緩慢，冬型種開始旺盛生長，厚敦菊屬等塊根植物開花。

Othonna sp.aff. hallii

何利厚敦菊

● 菊科厚敦菊屬
● 南非北開普省
　（納米比亞邊境附近）
● 冬型／5℃／★★☆☆☆

小型種，酷似Othonna hallii。自生於南非北部的納米比亞邊境附近，開黃色花。

本月的栽培作業

夏型種・春秋型種

休眠中或即將進入休眠狀態，因此不進行處理。

冬型種

● **栽種、移植改種、分株、重新栽培**／處於生長狀態的種類，即可展開栽種（參照P.80）、移植改種（參照P.91）、分株（參照P.82至P.83）、重新栽培（參照P.91）作業。氣溫開始下降時期，於連日晴朗溫暖的日子展開作業，作業之後擺在溫暖的室內（15至20℃）。

● **扦插、嫁接**／可展開扦插（參照P.84至P.86）、嫁接（參照P.90）作業。氣溫開始下降時期，於連日晴朗溫暖的日子展開作業，作業之後擺在溫暖的室內（15至20℃）。

● **播種**／採收種子之後立即播種（參照P.88至P.89），擺在溫暖的室內（15至20℃）。

留意這些害蟲！

天氣寒冷比較不會出現，但還是可能出現粉介殼蟲、根粉介殼蟲（根蚜）等危害，需留意！（參照P.98）。

本月的栽培環境・維護管理

夏型種・春秋型種　冬型種

擺放場所

日照充足的室內／進入休眠期，落葉種類葉色變黃之後落葉。及早移入日照充足的室內窗邊等場所。

澆水

處於休眠狀態即斷水／夏型種需要斷水。斷水有助於提升耐寒能力，植株比較不會受到低溫傷害。春秋型種生長隨著氣溫下降而變緩慢，需要漸進地減少澆水。

肥料

不施肥／夏型種處於休眠狀態，春秋型種生長變緩慢，因此不施肥。

擺放場所

氣溫下降移入室內 ／天氣涼爽，植株旺盛生長時期。擺在室外日照充足、通風良好的場所悉心照料。最低氣溫降至10℃時，冬型種之中耐寒能力不夠強的種類，移入未提升溫度、日照充足的室內窗邊等場所。但白天必須加強換氣，避免室內處於高溫狀態，出現太悶熱、生長變緩慢、葉色變差等情形。生長適溫設法維持在5至20℃之間。

澆水

乾燥時充分澆水／盆土表面乾燥時，充分地澆水。於天氣晴朗溫暖的上午時段澆水，避免於陰雨寒冷的時候澆水。

肥料

旺盛生長的植株進行施肥／植株旺盛生長時期，一星期1次，施以規定量緩效性化學肥料、以顆粒肥為置肥，或依記載倍數稀釋的稀薄液肥。

12月的塊根植物

寒冬正式來臨，日照時間縮短、強度減弱，夏型種、春秋型種處於休眠‧停止生長狀態，冬型種旺盛生長，鬼笑等塊根植物從這個時期開始開花。

Euphorbia silenifolia

黑玉大戟

●大戟科
　大戟屬
●南非西開普省、東開普省
●冬型／5℃／★★★★☆

小型種塊根植物，塊莖直徑最大5至7cm。長期間維持難度高。

✋ **本月的栽培作業**

夏型種‧春秋型種

處於休眠‧停止生長狀態，因此進行處理。

休眠期避免過濕

必須斷水時期，嚴禁澆水等，避免過濕。圖為罹患根腐病，塊莖出現皺褶的沙漠玫瑰（左）。切開後清楚看到塊莖大範圍腐爛情形（右）。情況嚴重無法挽回（一併參照P.99）。

過濕而塊莖腐爛

情況嚴重無法挽回

冬型種

●**栽種、移植改種、分株、重新栽培**／處於生長狀態的種類，即可展開栽種（參照P.80）、移植改種（參照P.81）、分株（參照P.82至P.83）、重新栽培（參照P.91）作業。作業之後擺在溫暖的室內（15至20℃），有助於早日發根，成功栽培。
●**扦插、嫁接**／可展開扦插（參照P.84至P.86）、嫁接（參照P.90）作業。作業之後擺在溫暖的室內（15至20℃），能夠早日發根，大大提升成功率。
●**播種**／採收種子後立即播種（參照P.88至P.89），擺在溫暖的室內（15至20℃）。

本月的栽培環境・維護管理

夏型種

擺放場所

日照充足的室內／擺在日照充足的室內窗邊等場所悉心照料。天氣嚴寒時期,努力維持栽培種類的過冬最低溫度。

澆水

休眠中斷水／必須斷水。斷水有助於提升耐寒能力,植株比較不會受到低溫傷害。

肥料

不施肥／處於休眠狀態,因此不施肥。

春秋型種

擺放場所

日照充足的室內／擺在日照充足的室內窗邊等場所悉心照料。耐寒能力較強的種類,擺在室外日照充足、不會淋到雨、接觸到霜的場所也能夠栽培,但寒流來襲時,必須移入室內。

澆水

一個月1至2次少量／一個月1至2次,於天氣晴朗溫暖的上午時段,稍微澆水潤濕盆土表面。

肥料

不施肥／處於休眠・停止生長狀態,因此不施肥。

冬型種

擺放場所

日照充足的室內／擺在日照充足的室內悉心照料。擺在窗邊,朝著陽光,植株容易傾斜,經常轉動花盆以維持良好姿態。

澆水

乾燥時充分澆水／盆土表面乾燥時,於天氣晴朗溫暖的上午時段充分地澆水。

肥料

旺盛生長的植株進行施肥／一星期1次,施以規定量緩效性化學肥料、以顆粒肥為置肥,或依記載倍數稀釋的稀薄液肥。完成移植改種等作業,植株開始發芽之後進行施肥。

 留意這種害蟲!

擺在溫暖乾燥的室內栽培,可能出現粉介殼蟲等危害。發現時立即驅除(參照P.98)。

栽種

購買植株時正逢栽種適期，立即栽種。否則等到適期才栽種。

適期

夏型種
4月上旬至9月上旬
（避開梅雨季節）

春秋型種
2月下旬至6月上旬
9月下旬至10中旬

冬型種
9月下旬至4月上旬

必備用品

栽種用植株（筒蝶青）／大小適中的花盆（2.5號盆）／多肉植物用培養土（參照P.102）。

① 將培養土加入花盆裡，至擺放根盆的適當高度。

② 由育苗盆取出植株，以手鬆開根盆，小心地清理根盆土壤。清理之後不修根，植株直接種入花盆。

③ 將植株擺在花盆的正中央位置，放入培養土填補空隙。確保蓄水空間約1cm。

④ 以免洗筷輕輕地戳動盆土，均勻地填滿根部之間的空隙。

⑤ 輕敲花盆側面，盆土處理更加密實平均之後，完成栽種作業。栽種後一星期左右才澆水。

修剪根部後
確實乾燥切口！

栽種或進行移植改種，修剪或傷及根部時，將植株靜置於通風良好的遮蔭處，切口或傷口確實乾燥之後，才進行栽種。栽種時必須使用乾燥的培養土。確實遵守此原則，大人降低引發根腐病的危險性！

移植改種
（增盆）

植株成長而花盆明顯太小、枝葉混雜生長、生長狀況變差等，出現這些情形時應及早進行移植改種。

適期

夏型種
4月上旬至9月上旬
（避開梅雨季節）

春秋型種
2月下旬至6月上旬、
9月下旬至10月中旬

冬型種
9月下旬至4月上旬

必備用品

移植改種用植株（非洲霸王樹）／大一個尺寸的花盆（4號盆）／多肉植物用培養土（參照P.102）。

1 將培養土加入花盆裡，至擺放根盆的適當高度（＊）。

2 由原來的花盆取出植株。根部健全，且如圖示般生長狀況良好時，不需要鬆開根盆。

3 將植株擺在花盆的正中央位置，放入培養土填補空隙。確保蓄水空間約1cm。

4 以免洗筷等輕輕地戳動盆土，均勻地填滿根部之間的空隙。

5 輕敲花盆側面，將盆土處理得更加密實平均。

6 完成移植改種作業。不立即澆水，栽種後一星期左右才澆水。

＊以6號以上花盆進行移植改種時，放入盆底石亦可。

分株

地下莖（在地面下橫向生長的莖）健全生長，植株漸漸長大即可進行分株。不以繁殖為目的，透過分株，增加盆數，將植株栽培長大亦可。

適期

夏型種
4月上旬至9月上旬
（避開梅雨季節）
春秋型種
2月下旬至6月上旬
9月下旬至10月中旬
冬型種
9月下旬至4月上旬

必備用品

分株用植株／花盆（配合植株大小與數量）／多肉植物用培養土（參照P.102）。

1 分株用植株（皺葉麒麟）。

2 由育苗盆取出植株。可清楚看到白色根部與蝶蛾幼蟲般粗壯白色地下莖。

4 看清楚莖部的連結情形，剝離植株，進行分株。避免分成太小株。

3 小心處理，避免損傷根部，確實地清理根盆土壤。

5 分成5株，大小个一。部分植株無根，只要長著地下莖，大致上就沒問題。

6 將植株種入花盆，以免洗筷輕輕地戳動盆土，均勻地填滿根部之間的空隙。

無根株怎麼辦？

1 擺在通風良好的遮蔭處3至4天，確實地乾燥切口。

2 將培養土加入花盆裡，盆土處理得更加密實平均之後，切口緊貼培養土，擺好植株。

作業後的維護管理

擺在不會淋到雨的明亮遮蔭處，維護照料一至兩星期之後，移往希望擺放的場所。栽種後一星期左右才澆水。

適合分株栽培的代表性塊根植物

玉麟寶、多稜柱、刨花厚敦菊、佛垢里、將軍閣、蒼角殿（分球＝切下由親球長出的子球）、捲葉垂筒花（分球）等。

7 進行分株，完成栽種後樣貌。不立即澆水，栽種後一星期左右才澆水。

扦插

剪下枝條，進行扦插。肥大粗壯塊根、塊莖、枝條是塊根植物魅力之一，但扦插之後栽培，植株會肥大粗壯的種類十分有限，扦插前需要確認。

適期

夏型種
4月上旬至9月上旬
（避開梅雨季節）
春秋型種
2月下旬至6月上旬
9月下旬至10月中旬
冬型種
9月下旬至4月上旬

必備用品

取得插穗的植株／花盆（配合插穗大小與數量）／多肉植物用培養土（參照P.102）。

1 取得插穗（愛氏延命草）。剪下枝條，修剪花朵、殘花、多餘枝條等完成插穗。

2 枝條修整成插穗後樣貌。擺在通風良好的遮蔭處數日至一星期，確實地乾燥切口。

3 將培養土放入花盆裡，以免洗筷等戳上小孔洞，插入插穗。插入深度以插穗穩插在盆土裡為基準。

4 充分考量協調美感，1個花盆插入2支細小插穗。圖為扦插後樣貌。進行扦插即可增加植株數。

作業後的維護管理

擺在不會淋到雨的明亮遮蔭處，維護照料一至兩星期之後，移到希望擺放的場所。栽種後三至四天才澆水。

適合扦插栽培的代表性塊根植物

扦插後栽培成植株，塊根、塊莖會肥大粗壯的塊根植物如：奇異洋葵、亞龍木、索馬利亞樹葫蘆、佛垢里等。

扦插
（摘子）

親株長出（分枝）子株之後，摘取或切下處理成插穗（＝摘子），進行扦插即可增加植株。

1 長出許多子株的親株（峨眉山）。

適期

夏型種

4月上旬至9月上旬
（避開梅雨季節）

春秋型種

2月下旬至6月上旬

9月下旬至10月中旬

冬型種

9月下旬至4月上旬

必備用品

取得子株的植株／花盆（配合子株大小與數量）／多肉植物用培養土（參照P.102）。

2 有些種類用手就能夠摘下子株，峨眉山子株不容易摘取，因此以剪刀剪下。切口必須確實乾燥。

3 將培養土放入花盆裡，穩穩地種入子株。確保蓄水空間約1cm。

作業後的維護管理

擺在不會淋到雨的明亮遮蔭處，維護照料一至兩星期之後，移往希望擺放的場所。栽種後一星期左右才澆水。

適合摘子栽培的代表性塊根植物

晃玉、玉麟寶、將軍閣等。

晃玉的子株，用手就能輕易地摘下。摘取時流出白色汁液，接觸到可能造成過敏，需留意！

扦插
（扦插鱗片）

長著鱗莖（球根）的塊根植物，有些種類剝下鱗片，進行扦插，就能夠繁殖。

1 鱗莖大小適中的植株（蒼角殿）。由此植株取得鱗片。

4 將培養土放入花盆裡，發芽部位朝下，穩穩地種入鱗片。

適期

夏型種

4月上旬至9月上旬
（避開梅雨季節）

春秋型種

2月下旬至6月上旬

9月下旬至10月中旬

冬型種

9月下旬至4月上旬

必備用品

取得鱗片的植株／育苗箱等／花盆（配合鱗片大小與數量）／多肉植物用培養土（參照P.102）。

2 由鱗莖剝下鱗片，排入通風良好的育苗箱等，擺在通風良好的遮蔭處。

作業後的維護管理

完成栽種作業後，立即與親株擺在相同的場所維護管理即可。栽種後立即充分地澆水，之後則是盆土表面乾燥時充分地澆水。順利栽培一至兩星期就會發根，小芽開始生長。

3 擺放2個月左右，鱗片的基部就會發芽（發芽前完全不需要澆水等）。

適合扦插鱗片的代表性塊根植物

塊根植物不乏適合扦插鱗片的種類，但除了蒼角殿之外，通常不會採用。

人工授粉

塊根植物開花之後,不結果、無法採收種子的情形很常見,必須透過人工授粉,才能夠確實地結果。相同花朵(植株)的花粉不會受精(植物自交不親和性)、雄蕊與雌蕊成熟時期不同(雌雄異熟)、雌株與雄株為不同植株(雌雄異株),是塊根植物開花之後無法順其自然結果、採收種子的主要原因,作業前請務必確認。

適期

花開時隨時可進行人工授粉。

植物自交不親和性
(例:安卡麗娜)

相同花朵(植株)的花粉不受精(自交不親和性),必須準備2棵開花株。

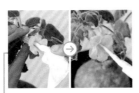

將面紙搓成細長尖錐狀,伸入一棵開花株的花朵深處,採取雄蕊花粉(左)。將花粉塗抹在另一棵開花株的雌蕊柱頭上(參照「花朵構造圖」)。

成功授粉就會順利地結果,初冬時期果實成熟。切開布滿棘刺的果實,就看到裡面的種子。

雌雄異株
(例:鐵甲丸)

雌株只開雌花,雄株只開雄花,必須同時準備雄株與雌株的開花株。左為雄株,右為雌株,外觀上不容易辨別雌雄,必須開花才知道。

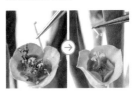

使用夾口細尖的鑷子,由雄花朵夾出頂端有花粉的雄蕊(左)。將雄蕊花粉塗抹在雌花柱頭上。

成功授粉而膨大的果實。初夏果實成熟,就能夠採收種子。

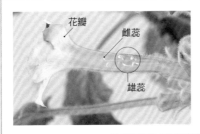

花瓣
雌蕊
雄蕊

花朵構造圖造(橫斷面)

可清楚地看出雌蕊較長,雄蕊並排於花朵深處。雌蕊柱頭打開就是授粉適期。雄蕊的花藥尚未產生花粉。進行授粉前,請仔細觀察開花情形。

播種

採收種子之後就可以播種了。生長速度因種類而不同，但多花些時間耐心地栽培，也是栽種塊根植物的醍醐味。近年來，透過網路就能夠買到各種塊根植物的種子（＊）。

適期

夏型種

4月上旬至9月上旬

春秋型種

4月上旬至5月下旬

9月中旬至10月中旬

冬型種

9月中旬至3月上旬

必備用品

種子／花盆（配合種子數量）／播種用土／赤玉土（細粒）。

1 種子（惠比須大黑）。上一個年度採收之後，放入密封容器，存放在陰暗涼爽場所的種子。

2 將市售播種用土放入花盆裡，間隔適當距離，以鑷子等進行播種。圖中以3號花盆播下20顆種子。

3 播種之後撒上赤玉土（細粒），進行覆土，覆蓋種子即可。

4 避免種子流失，以噴壺輕輕地澆水。播下細小種子時，採用腰水法（播種之後整盆擺在裝著水的缽盆等容器裡吸水）。

播種後的維護管理

擺在不會淋到雨、日照充足、溫暖的場所維護照料。種子發芽為止採用腰水法，避免盆土乾燥。發芽之後不再採用腰水法，直接由幼苗頂端澆水。

播種後1個月左右

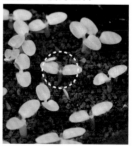

5 種子同時發芽長成幼苗，2片子葉之間已經長出本葉（畫圈處）。

＊塊根植物的種子發芽率會隨著時間而明顯遞減。
　請向信譽良好的店家購買種子。

播種後一年左右

6 上一個年度播種後栽培
長大的植株。個體差異
大，植株成長情況不同，但已
經明顯展現出塊根植物姿態。

上盆

7 避免弄斷根部，盡量保
留根部周圍的土壤，以
免洗筷輕輕地挖出幼苗。

8 使用2.5號左右的花盆，
將塊根植物用培養土放
入盆裡，種入植株。確保蓄水
空間約1cm。

9 盆土處理得更加密實平
均之後，完成上盆作
業。不立即澆水。

上盆後的維護管理

擺在不會淋到雨的明亮
遮蔭處，維護照料一至
兩星期之後，移往希望
擺放的場所。上盆後3至
4天才澆水。

適合播種栽培的
代表性塊根植物

能夠取得種子的塊根植
物，幾乎都適合採用播
種栽培方式。除了奇峰
錦屬等種子細小的種類
之外，都相當容易播種
栽培。

種子的取出方法

塊根植物種子通常都長
在種莢裡，其中不乏安
卡麗娜般，種莢表面布
滿棘刺的種類（一併參
照P.87）。處理這些種
類的種子時，請參照以
下要領，避免被棘刺戳
傷，小心地取出種子。

1 先以鑷子等確實地夾住
種子，再以剪刀剪掉種
莢表面的棘刺。

2 避免損傷種子，由種莢
上部（畫圈處）剪開，
以手指剝開種莢。

嫁接

出現芽變、希望繁殖斑葉品種、根部弱化難以進行自根栽培的種類，以體質強健的同屬種類進行嫁接，希望培養出更容易栽培的植株。

適期

夏型種
4月上旬至9月上旬
（避開梅雨季節）
春秋型種
2月下旬至6月上旬
9月下旬至10月中旬
冬型種
9月下旬至4月上旬

必備用品

接穗用植株〔步驟 **1** 圖中小植株＝惠比須笑〕／砧木用植株〔步驟 **1** 圖中大植株＝非洲霸王樹〕／美工刀（全新或刀刃經過消毒）／縫線（棉質）。

1 將播種後發芽栽培一年左右的惠比須笑幼苗（右），嫁接於非洲霸王樹（左）。

2 切除莖部上部長著葉片的部分，處理成砧木。毫不遲疑地一刀切斷，避免傷及砧木與接穗的斷面細胞。

3 靠近接穗用幼苗根部，切除莖部下部。盡量配合砧木斷面直徑。

4 將接穗擺在砧木頂端，砧木斷面較大時，擺在正中央。

不需要考慮形成層！

同樣為多肉植物的仙人掌、大部分庭園樹木與花木，進行嫁接時，砧木與接穗的形成層（參照P.109）必須緊密接合，才能夠確保接穗成活。除了仙人掌之外，棒槌樹屬、大戟屬等，大部分多肉植物進行嫁接時，砧木與接穗切口相接即可，形成層未緊密接合，接穗也會成活。嫁接作業超簡單，不妨挑戰看看！

5 植株連同花盆以縫線纏繞確實固定，促使砧木與接穗緊密接合。

重新栽培

植株長滿枝條，枝條長得又高又長的種類，必須經常修剪枝條，調整株姿，重新栽培。

1 植株旺盛生長，枝條太長，雜亂不堪。由喜愛的位置修剪即可，但一邊想像著長出新枝條後姿態，一邊修剪枝條更好。

嫁接後的維護管理

擺在不會淋到雨的明亮遮蔭處維護照料，接穗開始生長時，移往希望擺放的場所。至接穗成活為止，避免由植株頂端澆水，以免淋濕嫁接部位，請由植株基部澆水。

適合嫁接栽培的代表性塊根植物

大部分塊根植物都適合進行嫁接，栽培棒槌樹屬、大戟屬、蘿藦科的塊根植物時最廣泛採用。

適期

夏型種
4月上旬至9月上旬
（避開梅雨季節）

春秋型種
2月下旬至6月上旬
9月下旬至10月中旬

冬型種
9月下旬至4月上旬

必備用品

枝條雜亂生長的植株（愛氏延命草）／修枝剪。

2 保留下部長出的新梢，將粗枝剪短。

修剪後2個月左右

3 一如往常維護照料就不斷地長出新梢。觀察植株發現，有些枝條已經抽穗準備開花（畫圈處）。

從涼爽乾燥地區

到灼熱沙漠地帶！

大部分塊根植物的生長氣候環境與日本栽培環境截然不同，因此了解自生地環境至為重要。從熱帶至溫帶，塊根植物自生地遍布世界各地，本單元介紹的是分布種類最多的南非與馬達加斯加的情況。

自生地的塊根植物

Caudiciforms in the Wild

拍攝於南非北開普省，
山坡上並排生長高大樹
木的情景令人歎為觀
止。圖中最前方的高大
植株是兩個個體於相
同場所發芽之後，隨
著植株生長，枝幹部
自然融為一體。以前
歸類為蘆薈屬（Aloe
dichotoma），經過
DNA分析之後，原本
的蘆薈屬重新分類成兩
個以上屬種，本種歸類
為樹蘆薈屬。本單元介
紹的種類圖片皆拍攝於
10月（當地春末）。

二歧蘆薈
Aloidendron dichotomum

拍攝於馬達加斯加南部的伊薩魯國家公園。或許是生長於自然保護區，漂亮植株隨處可見，不乏植株群生地帶。圖中植株往岩縫中扎根，花謝之後結滿細長果實（蓇果）。

象牙宮
Pachypodium rosulatum ssp. *gracilius*

拍攝於南非西開普省。由南大西洋沿岸的濱海沙地，綿延至內陸數百公尺的沙地。隨處可見穩重壯碩植株，群生於海風吹襲地帶。在日本不知道要花多少年栽培，還得打造媲美當地的環境條件，才可能看到這樣的景象。

鬥牛角
Euphorbia schoenlandii

拍攝於馬達加斯加南部。如同P.23的圖鑑解說，小株時期莖部密生尖銳棘刺，成長為圖中般大株時棘刺脫落，幹部表面變平滑。圖中植株生長場所左側，可清楚看出雨季大水形成溪流的沖刷痕跡。

非洲霸王樹
Pachypodium lamerei

拍攝於馬達加斯加南部。自生於中央高原岩石較多地帶。枝條狀似匍匐地面生長，自然形成扁平株姿。近旁生長著筒蝶青。無花時期不容易分辨。

席巴女王玉櫛
Pachypodium densiflorum

馬達加斯加龍樹（金棒木）、非洲猴麵包樹（芬尼猴麵包樹）

Didierea madagascariensis, Adansonia fony

拍攝於馬達加斯加西南部。植株會長得很高大的非洲猴麵包樹（芬尼猴麵包樹）與馬達加斯加龍樹。圖中最前方長出許多馬達加斯加龍樹實生苗。通常小苗時期就因環境過於乾旱而枯死，或因動物啃食而遭殃。圖中可清楚地看出，這裡已經成為條件十分健全，適合次世代植株群聚生長的地區。

萬物想

Tylecodon reticulatus

拍攝於南非西開普省。地區內分布範圍最廣，數量最多的奇峰錦屬塊根植物。以花謝後花莖殘留植株上的姿態最具特徵。

惠比須笑

Pachypodium brevicaule

拍攝於馬達加斯加南部。自生於海拔1,000公尺以上，氣候比較涼爽的高原。植株自生於岩山的岩石之間或山坡地的情形也常見。

老問題
新思惟
興趣與固有種保護之省思

「原產株」、「未發根株」、「山採株」……這些都是在日本無論興趣或工作，關係到塊根植物類，就無法迴避探討的問題。

透過網路銷售平台等搜尋塊根植物，就可以廣泛地瀏覽到開採自原產地的植株販售情形。過去的仙人掌大流行是靠種類豐富多元原產球撐持，現在的多肉植物流行風潮也是由原產株維繫著。實際上第一次購買塊根植物就入手象牙宮原產株的人也不少吧！

然而目前流通市場的原產株，都是開採自馬達加斯加、南非、中南美等，在嚴酷自然環境中孕育數十年的植株，因此充滿著迷人魅力。這些都是不可能再生的資源。塊根植物的自生環境與數量都極為有限，過度開採就會瀕臨絕種的種類也不少。

現在正是熱愛塊根植物類，當作興趣栽培的人必須認真思考的時候吧！令人遺憾的是，人們從事園藝活動的興趣越來越濃厚，過去日本人與瀕臨絕種危機的植物也脫不了關係。未來絕對必須避免作出類似的行為。

以人氣品種象足漆樹原產株為例，即使狀態絕佳的植株，栽種後成活率最多三成，有時候甚至只有5%能夠存活。多肉植物愛好者人數增長確實值得欣喜，相對地，倘若只是單純地消費在大自然中歷經漫長歲月才孕育出來的生物，那就太令人遺憾了。

愛好者千萬不能因為入手姿態完美宛如原產株的多肉植物就志得意滿，而是需要一邊試著繁殖，經過多方嘗試摸索，將植株栽培長大，一邊尋找出能夠與這些珍貴植物共享共榮的樂趣。

主要害蟲與生理障礙 & 對策

害蟲

蚜蟲

發生時期／3月至11月（多發時期3月至5月）

症狀／附著於新芽與花朵吸食汁液，阻礙植株生長。體長1至2mm，體色因種類與發生時期而不同，包括綠色、黃色、褐色等，多發時期可能引發煙煤病。

對策／促進通風以預防發生。萬一發生，盡量於數量較少時，以黏蟲膠帶捕殺，或以強勁水流噴灑驅除。使用花卉類、觀葉植物適用藥劑也具有防治效果。

粉介殼蟲

發生時期／4月至10月。

症狀／潛入葉片、莖部、花莖、果柄等部位的縫隙吸食汁液（參照P.58）。體長2至3mm，蟲體布滿白粉狀分泌物。不同於其他介殼蟲類，成蟲也會行走移動。

對策／促進通風以預防發生。萬一發生，於數量較少時，以夾口細尖的鑷子一隻隻地捕殺，或以牙刷等刷掉。

葉蟎

發生時期／4月至10月。

症狀／體長約0.5mm，蜘蛛的同類，群聚於新葉的葉背等部位吸食汁液。葉片受侵害之後形成白色斑點，不久後變黃、落葉（參照P.68），阻礙植株生長。

對策／葉蟎怕水，澆水時也澆濕葉背以預防發生。促進通風也是防範對策。萬一發生，於數量較少時，噴灑花卉類、觀葉植物適用藥劑，及早防治。

根粉介殼蟲
（根蝨）

發生時期／4月至10月。

症狀／體長1至2mm，粉介殼蟲的同類，附著於根部吸食汁液。發生於地面下，不容易發現，但植株受侵害時生長狀況變差。植株失去活力時，由花盆拔出根盆，仔細觀察。

對策／避免整盆直接擺在地面上。用過的花盆確實清洗乾淨再使用，用土避免重複使用。植株受侵害時剪掉所有根部，無法徹底修剪時，則以流動清水徹底沖洗之後，擺在通風良好的遮蔭處一星期左右，確實乾燥，再以新盆、新土進行栽種。

塊根植物是體質強健,只要打造良好環境,就能夠健康地生長的植物。
幾乎不會出現構成問題的疾病,害蟲也不多。
但低溫、高溫或過濕容易出現生理障礙,不能掉以輕心!

生理障礙

過濕障礙

發生時期/一年四季。
症狀/成長點附近損傷而轉變成茶色,開始落葉,甚至停止生長。大戟屬「章魚型」塊根植物容易出現的症狀(參閱P.69)。
原因&對策/擺放場所濕度太高就容易發生,可能引發灰黴病。充分照射陽光,加強換氣,促進通風即可避免發生。

低溫障礙

發生時期/12月至3月。
症狀/葉片出現黑褐色斑點,若置之不理,不久後造成該部位穿孔(參照P.56)。
原因&對策/冬季低溫期(10℃以下),枝葉長時間附著水滴或淋到水就容易發生,因此冬季期間最好於天氣晴朗溫暖的上午時段澆水,避免傍晚以後枝葉還處於潮濕狀態。葉片出現黑點或穿孔時,若植株處於生長期,可剪掉葉片,促進新葉生長。

根部腐爛

發生時期/各種類休眠‧停止生長期。
症狀/根部損傷、枯萎、腐爛。腐爛情形由根部往上擴散,枝葉枯萎,塊根或塊莖出現皺褶或凹陷(參照P.78)。
原因&對策/休眠‧停止生長期澆水,過濕就容易發生。尤其是夏型種,冬季休眠‧停止生長期需要徹底斷水。腐爛情形未擴散至塊根或塊莖時,切除根部腐爛部位,進行移植改種,提升溫度至生長適溫,悉心維護照料即可改善。

日燒傷害

發生時期/5月至9月。
症狀/塊根、塊莖、葉片局部變白之後枯萎,患部也可能變黑。出現日燒現象雖然不太會造成重大傷害,但大大降低觀賞價值。
原因&對策/不喜愛強光的種類當然容易出現日燒傷害,即便喜愛強光的種類,若長期擺在室內,突然移出室外照射直射陽光也很容易發生。適度遮光或讓植株慢慢適應日照之後才移出室外即可避免。塊根與塊莖原本就長在地面下,悉心維護讓枝葉長得更加茂盛等,亦可避免照射到直射陽光。

出現日燒傷害的球腺蔓塊根(上部白色部位)。

塊根植物栽培ABC

生長型

●塊根植物自生地環境與日本栽培環境截然不同。本書中依據日本氣候條件下栽培塊根植物時，植株生長最旺盛的季節，將塊根植物「生長型」大致分成「夏型」、「春秋型」、「冬型」進行詳盡介紹。栽培塊根植物前，請先了解該種類的生長型（詳情參照P.54至P.55）。

夏型種／夏季進入生長期，春季與秋季生長緩慢，冬季休眠。種類豐富多元，可大致分成喜愛與討厭炎夏直射陽光等種類。冬季擺在室內照得到陽光的場所維護照料。

春秋型種／春季與秋季進入生長期，夏季生長緩慢，冬季休眠。討厭炎夏直射陽光，夏季擺在明亮遮蔭處，冬季擺在室內照得到陽光的場所栽培。

冬型種／冬季進入生長期。春季與秋季生長緩慢，夏季休眠。即便冬型種，耐寒能力也敵不過日本嚴寒冬季，因此應避免接觸到霜，移入室內日照充足的場所。

擺放場所

●除了部分種類之外，塊根植物自生地大多位於陽光強烈照射的乾燥地區，生長於半沙漠地帶，或布滿岩石、沙礫成分多、土壤貧瘠的地方。栽培塊根植物的環境條件應盡量趨近於自生地。

夏型種／夏季進入生長期，於室外日照充足、通風良好的場所設置棚架，將塊根植物擺在架上最理想。冬季進入休眠期，擺在照得到陽光的室內窗邊維護照料。但夜間窗邊異常寒冷，移往室內中央的平台等設施上比較安心。

春秋型種／春季與秋季進入生長期，擺在室外日照充足、通風良好的棚架上。夏季進入休眠期，擺在室外不會淋到雨的明亮遮蔭處（遮光率30至50%），冬季則擺在日照充足的室內窗邊。

冬型種／季進入生長期，擺在日照充足的室內窗邊。宜擺在可長時照射陽光的場所，但天氣晴朗時需加強換氣，避免擺放場所呈現高溫。耐寒能力較強的塊根植物之中，不乏冬季期間擺在室外，只要沒有接觸到霜，就能夠順利過冬的種類。夏季進入休眠期，可擺在室外不會淋到雨的明亮遮蔭處（遮光率30至50%）。建議擺在建築物北側屋簷下等，不會淋到雨，通風良好、環境涼爽的場所。

＊任何生長型塊根植物都一樣，原本擺在室內維護照料的植株，移出室外之後，若突然照射強烈直射陽光，都可能出現日燒傷害，請讓植株慢慢地適應環境。

除了部分種類之外，塊根植物是體質強健的，
只要掌握要點，悉心照料，園藝初學者也能夠盡情地享受栽培的樂趣。
本單元對於塊根植物的日常維護管理、花盆、用土等最基本知識有詳盡的解說。

澆水

●生長期充分地澆水，休眠‧停止生長期基本上需要斷水。各種類生長型請透過P.13至P.15「塊根植物圖鑑」進行確認。

生育期／盆土表面乾燥時，充分澆水至盆底出水為止。但嚴寒時期冬型種最好於天氣晴朗溫暖的上午時段澆水，減少澆水量，以便傍晚氣溫下降前排掉多餘

生長期以裝上蓮蓬頭的噴壺，直接由植株頂端充分地澆水。澆水時也澆濕枝葉，可預防葉蟎等害蟲發生。但希望採收種子時，避免朝著花朵澆水。

水分，預防根腐病發生。

休眠期／夏型種冬季需要斷水（完全停止澆水）。春秋型種冬季一個月1至2次，少量澆水；夏季需要斷水，但討厭太乾燥的種類可一個月1至2次，以澆水後半天左右盆土即呈現乾燥狀態為原則，於傍晚至夜間時段，直接由植株頂端澆水，略微潤濕盆土。冬型種澆水方式如同耐長期乾燥能力較弱的大戟屬部分種類。大型厚敦菊屬、奇峰錦屬等耐乾燥能力較強的冬型種，夏季完全斷水也無妨。任何生長型塊根植物都一樣，由休眠期進入生長期的轉換時期，都需要逐漸增加澆水；由生長期進入休眠期的轉換時期，則需要渡過逐漸減少澆水的階段。

Column

盆土濕度的確認方法

目測土壤顏色就能夠判斷盆土表面濕度。希望了解盆土整體濕度時，使用竹籤或免洗筷，依圖示操作最便利。

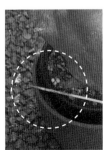

盆土事先插入竹籤（左），想確認盆土濕度時，拔出竹籤觀察潮濕情況就一目了然（右）。圖中植株為象牙宮。

肥料

●塊根植物通常自生於土壤貧瘠的地帶，因此容易讓人誤認為不太需要肥料。事實上，栽培塊根植物時，若希望植株旺盛生長，塊根或塊莖長得很肥大，進入生長期就必須積極地施肥。休眠‧停止生長期則完全不需要施肥。

種類別施肥方法／使用緩效性化學肥料（N-P-K=10-10-10等）、有機質固態肥料（又稱顆粒肥。N-P-K-=4-6-2等），或液態肥料（N-P-K=5-10-5等）。使用緩效性化學肥料或有機質固態肥料時，依據商品說明書上記載的草花、盆花施用量進行施肥。施肥前請確認肥效期間，避免施用過量或不足。使用液態肥料時依據草花、盆花施用量稀釋之後進行施肥。

一般草花用緩效性化學肥料。肥效期間因商品而不同，使用前請詳細閱讀說明書。

以油渣為主體的有機固態肥料，又稱顆粒肥，肥效緩慢發揮，因肥料而損傷根部情形少見。

加水稀釋後使用的液態肥料。速效性肥料，施肥之後立即發揮效果，但肥效不持久，必須頻繁地施肥。

花盆

●不論材質，最好使用設有較大盆底孔，排水效果良好，可防止盆土過濕的花盆。應以植株生長為最優先考量，建議使用盆身較高的黑色塑膠盆。因為根部生長空間廣，地溫容易上升，可促進植株生長。

左起依序為黑色塑膠盆（盆身再高一點更佳）、素燒盆、水泥盆、上釉陶盆。

用土

●相較於栽種一般草花，使用排水效果更好的土壤。使用市售多肉植物、仙人掌用培養土最簡單，自行調配時請參考以下方法。

以輕石為主體的市售多肉植物、仙人掌用培養土。排水效果相當良好，依據栽培種類特性，混入一半份量市售草花用培養土之後使用亦可。

最適合栽培塊根植物的用土調配比例

赤玉土小粒2＋鹿沼土小粒2＋河沙2＋腐葉土或已調整酸鹼度的泥炭土2＋珍珠石1＋燻炭1

便利工具

●栽培塊根植物不需要特別的工具。栽培草花、觀葉植物的工具就很實用。備有以下介紹的工具更加便利。

標籤

避免忘記栽培的種類，標籤寫上種名、品種名之後插入花盆。

剪刀

修剪粗枝、根部的剪定鋏，修剪細小部位的園藝剪，準備這兩種剪刀就很便利。

免洗筷

移植改種時，戳動盆土填滿根部之間空隙，清潔盆土表面等情況下使用。

鑷子

進行人工授粉（參照P.87）、夾掉殘花或害蟲時使用。準備夾口細尖的鑷子。

土鏟

栽種、移植改種時，將用土鏟入花盆裡的便利工具。自己動手作，將寶特瓶等加工作成土鏟也很好用。

噴壺

裝上蓮蓬頭，形成細細水流的噴壺。蓮蓬頭連接塑膠水管使用亦可。

打火機

剪刀使用過後，以打火機微微地燒燙刀口進行滅菌（熱消毒）。準備登山用等火力較強的打火機更便利。

美工刀

進行嫁接時，用於切割砧木與接穗。稍微大一點的美工刀比較好用。

遮光網

栽培不耐強光的種類或植株進入休眠期時使用。遮光率30至50%的遮光網使用最方便。

塊根植物栽培

Q　休眠期 一定要斷水嗎？

任何生長型塊根植物進入休眠期，都必須完全斷水嗎？

A　處理方式 因生長型而不同

塊根植物休眠期各不相同，夏型種為冬季，冬型種於夏季，春秋型種則是夏季與冬季。栽培夏型種塊根植物時，若冬季澆水不恰當，可能引發根腐病（參照P.78、P.99），或出現低溫障礙（參照P.56、P.99），因此需要完全斷水。

栽培冬型種之中的小型種時，夏季期間不完全斷水，一個月1至2次，於比較涼爽時段澆水潤濕盆土表面，或施以葉水（以噴霧器等裝水噴灑葉片），秋季之後植株生長狀況會更好。

栽培春秋型種時，冬季期間大約一個月1至2次，澆水潤濕盆土表面即可。夏季需要斷水，但栽培的塊根植物若是討厭太乾燥的種類，則如同冬季，一個月1至2次，少量澆水。

任何生長型塊根植物都一樣，休眠期充分澆水可能腐爛，必須貫徹少量澆水，略微潤濕盆土表面的基本原則。

Q　夜間室溫 大幅下降該怎麼辦？

冬季期間塊根植物一直擺在室內窗邊維護照料，但夜間會關掉暖氣，很擔心室內溫度低於過冬最低溫度，該怎麼確保溫度呢？

A　擺在室內中央或以 簡易溫室進行保溫

維持各種類過冬最低溫度，是栽培塊根植物的最低條件。落葉進入休眠狀態的種類，遇到低溫不會立即出現症狀，但可能隨著時間演變成難以挽回的情況。

首先，在擺放塊根植物的場所，設置最高最低溫度計等，確認清晨室溫下降的程度。

倘若提升2至3℃就能夠維持過冬最低溫度，那麼夜間時段，將植株移往室內中央的平台等設施上，蓋上保麗龍箱或瓦楞紙箱就不用再擔憂了。重點是，盡量選用大一點的箱子，蓋上後與平台之間不留空隙。

室內設置簡易溫室，利用加熱器或自動調溫器等調控溫度更省事。但塊根植物擺在日照充足的場所時，白天溫度會太高，中午需要加強換氣；若擺在日照不足的場所，則以栽培植物專用LED等進行補光吧！

栽培塊根植物
常見問題大解析！

Q 葉尖枯萎了！

塊根植物葉尖漸漸枯萎，對植株會造成影響嗎？

A 別擔心！
若處於生長期，
請充分地澆水

葉尖枯萎是葉片蒸散與根部吸水關係失衡所致。大部分塊根植物耐乾燥能力都很強，只是葉尖枯萎不會造成重大傷害，不需要特別費心處理。生長期確實地澆水即可。

光線太強也會發生這種問題。喜愛半遮蔭環境的種類，擺在直射陽光照射的場所，就可能出現葉尖枯萎的情形。尤其是夏季，使用遮光網等，調整成栽培種類喜愛的光量吧！

Q 葉片變黃的
解決辦法

沙漠玫瑰葉片變黃該怎麼辦呢？

A 夏季葉片變黃原因
在於缺水！

沙漠玫瑰為夏型種塊根植物，冬季落葉進入休眠狀態，秋季落葉前葉片變黃是正常現象。

夏季生長期葉片變黃原因應該是缺水。旺盛生長時期缺水，就可能由下葉開始陸續變黃之後落葉。生長期必須充分地澆水。

但栽培環境太潮濕，根部損傷，無法充分地吸收水分，植株因此處於缺水狀態時，也會出現下葉開始陸續變黃之後落葉的情形。因此澆水應以「盆土表面乾燥時充分地澆水」為大致基準。

通風不良也是葉片變黃的原因之一。避免環境太悶熱而葉片損傷，生長期一定要擺在通風良好的場所維護照料。

葉蟎也是因素之一。葉蟎吸食汁液後，起初葉片表面出現白色斑點，不久後整個葉片變黃。

日常維護照料時，最好仔細地觀察葉背等，發現時立即以花卉類、觀葉植物適用殺蟎劑驅除。

遭葉蟎侵害葉色變淡的沙漠玫瑰（圖中看不太清楚，虛線圈起的葉片顏色變白）。

Q 塊莖出現腐爛現象

塊根植物的塊莖出現局部腐爛現象，該怎麼處理呢？

A 切除腐爛部位傷口確實乾燥

　　塊根、塊莖一旦出現腐爛現象，成功挽救機率非常低。症狀輕微時，切除腐爛部位，傷口確實乾燥。以此方法處理沙漠玫瑰，治癒機率相當高。

　　但此方法僅適合於生長期採用，而塊根、塊莖腐爛現象好發於休眠期或停止生長期。以沙漠玫瑰屬等夏型種塊根植物為例，冬季低溫時期長時間處於潮濕狀態，就容易從塊根部位開始腐爛。植株正處於停止生長狀態，即便切除腐爛部位，傷口也很難癒合，症狀越發嚴重的情形極為常見（參照P.78）。因此日常維護照料應多加留意，以免塊根植物幹部出現腐爛現象。

植株基部出現腐爛現象的睡布袋。露出盆土的植株基部顏色加深，症狀輕微，妥善處理，可能痊癒。

Q 塊根植物移植改種前需要修剪根部嗎？

挖出根盆取出植株時，發現根部擠滿花盆。移植改種前修剪根部，有助於植株生長嗎？

A 主根、粗根不修剪

　　移植改種時必須修剪腐根、枯根。修剪細根沒關係，但筆直生長的主根、粗根盡量不修剪。稍微修剪，植株不致於枯萎，但需要花一些時間才會恢復生長。

　　重點是修剪根部之後，傷口必須確實乾燥，再以乾燥用土進行栽種。修剪根部之後，擺在通風良好的遮蔭處，修剪細根需要靜置乾燥數日至一星期，粗根則需要一至兩星期。

Q 植株徒長了！

栽培的植株日照不足徒長了！如何栽培出株姿優美的塊根植物呢？

A 塊根、塊莖徒長就無法恢復美好姿態，不過……

　　由塊根、塊莖長出的枝條出現徒長現象時，截剪徒長部分，促使長出新枝條。但擺放場所環境未改善，徒長問題還是會一再發生。重點是必須設法改善擺放場所的日照與通風情況。

　　若是塊根、塊莖本身日照不足而長得細又長，就無法恢復原本姿態。但千

萬別因此而充滿悲觀心情喔！繼續栽培，徒長部位說不定就長成趣味十足的模樣呢。一定要好好地欣賞栽培的植株特色，隨心所欲地享受栽培樂趣，深深地體會植栽者與植物彼此互動之奧妙。

Q 找不到日照充足的室內窗邊

室內找不到日照充足、適合擺放植物的窗邊，冬季期間塊根植物移入室內之後，無法充分地照射陽光該怎麼辦？

A 必要時以LED等進行補光

處於休眠・停止生長狀態的夏型種或春秋型種，擺在照不到陽光的場所也能夠順利過冬。但原本都是休眠中充分照射陽光比較好的種類，最好盡量設法讓植株照射陽光。

另一方面，冬季期間冬型種進入生長期，需要充分地照射陽光。除非天氣異常寒冷，否則白天最好盡量移出室外，找一個能夠遮蔽寒風，照得到陽光的場所，讓植株曬曬太陽。但即便是冬型種，耐寒能力很強，也未必耐得住日本冬季的嚴寒程度。傍晚就必須將植株移入室內。

無法頻繁地移出、移入時，不妨考慮以栽培植物專用LED燈等進行補光。近年來，市面上可以買到光線相當強，具有補光功能的燈，也很適合栽培塊根植物時使用。透過計時器控制開、關燈，維護管理十分方便。

Q 塊莖出現凹陷現象

棒槌樹屬塊根植物的塊莖呈現凹陷狀態，如何恢復原來樣貌呢？

A 確認根部狀態，依據症狀妥善處理

輕輕地取出根盆，仔細確認根部狀態。根部健康，但塊莖凹陷，表示植株缺水。適度地補充水分，很快就會恢復。葉片保留基部側，分別修剪掉半片，降低水分蒸散量，也具有恢復效果。

根部變成茶色時，表示根部損傷無法充分吸水，植株因而缺水。清除附著根部的土壤，徹底切除損傷部位，擺在不會淋到雨，通風良好的遮蔭處，靜置乾燥數日至一星期，再以新土進行移植改種。長出健康根部之後，凹陷現象就可能消除，但需要一些時間悉心維護照料。

塊莖凹陷（畫圈處）的象牙宮。原本肥大壯實的塊莖魅力大大減損。

Q 未發根株的
處理方法

入手國外輸入的未發根株之後,該如何栽培呢?

A 擺在感覺乾燥的場所
栽培至發根為止

植株幾乎處於無根狀態,必須如同扦插(參照P.84)、摘子(參照P.85)後栽培,打造一個良好生長環境。

植株種入花盆之後,擺在明亮遮蔭處,確保生長適溫,悉心維護照料。基本上不澆水,維持感覺乾燥狀態至發根為止。但國外輸入的未發根株,不乏沒藥樹屬、蓋果漆樹屬等需要維持濕潤狀態,或長壽城屬般施以腰水悉心維護比較好的種類。

發根之後就能夠吸水,植株漸漸恢復生氣,顏色變鮮豔。但塊根植物即便無根,靠儲存於植株的能量就能夠發芽,因此就算長出葉片也未必表示已經

畢之比未發根株。由國外進口植物時,必須依據輸入植物檢疫相關規定,徹底修剪根部,確實洗淨附著於根部的泥土。

發根,這一點必須特別留意。通常除了長出葉片之外,若枝條也開始生長,就表示植株也開始發根。

Q 了解盆土
乾燥程度的方法

確實了解盆土乾燥程度,才能掌握澆水時機。如何了解盆土的乾燥程度呢?

A 使用免洗筷
或竹籤

栽培夏型種塊根植物時,夏季多澆水也無妨,冬季太潮濕則絕對禁止。栽培夏型種以外種類時,除了夏季需要留意澆水之外,進入生長期後,若環境過於潮濕就可能引發根腐病。栽種未發根株之後,直到發根為止,都需要費心照料,盆土必須維持感覺乾燥狀態。就這一點而言,了解盆土乾燥程度至為重要。

以塑膠盆栽種塊根植物時,花盆較輕,整盆拿在手上,透過重量變化就能夠推測出盆土乾濕程度。請牢記澆水之後的整盆重量。使用陶盆比較笨重,不容易以此方式掌握乾濕變化。

此時不妨試試過去最普遍採用的方法,將竹籤或免洗筷等插入盆土中,想確認時拔出觀察,從竹籤或免洗筷潮濕情形,就能夠了解盆土的乾燥程度,作法很簡單(參照P.101)。

用語解說

生物鹼（Alkaloid）

存在於植物體的含氮鹼性化合物之總稱。大多具有毒性。

維管束

由根部至成長點為止，連續貫穿植物體所有部位的組織，是輸送水分與養分等成分的管道。由木質部與韌皮部排列構成。

蓄水空間（water space）

盆土表面至花盆上緣為止的空間。澆水之後短暫蓄存水分的空間。

園藝品種・種間交配種

不屬於分類階層的品種（變種），園藝品種是由栽培品種之中篩選出特徵鮮明的個體，進行交配、選拔，以人為方式創作的品種。種間交配種則是以人為或自然方式，由不同種個體交配產生的雜交種。

塊莖・塊根

植物為了儲存養分與水分而長得特別肥大的營養器官，地下莖或莖部地際部位肥大者稱為塊莖，根部肥大者稱為塊根。外觀上不容易分辨，但從維管束排列等可清楚區別。

成活

栽種或移植改種後植株、扦插後枝條等長出根部，開始生長稱為成活。植物進行嫁接之後，砧木與接穗切面傷口癒合，接穗開始生長也稱為成活。

休眠・停止生長

休眠・停止生長都是指植物因應寒冷等嚴酷環境而暫時停頓生長的現象。兩者差異是，停止生長的植株，只要氣溫回升等環境條件又適合生長，就會恢復生長；而進入休眠狀態的植株，即便環境條件又適合生長，也不會恢復生長，必須接觸寒冷等度過一定期間才會甦醒恢復生長。

形成層

最貼近莖部、根部皮層內側的分裂組織。此處細胞層旺盛分裂，莖部、根部就長得特別肥大。

特有種

特有種係指棲息、生長範圍局限於特定國家或地區的生物種類。

雌雄異株・雌雄同株異花

雄株開雄花，雌株開雌花，雄花與雌花分別開在不同植株的種類稱為雌雄異株。不分雄株與雌株，雄花與雌花開在相同植株的種類稱為雌雄同株異花。

舌狀花

菊科植物花朵相關用語。菊科植物的花看起來像一朵花，其實是由許多小花聚集而成（頭狀花序）。外圍的花瓣狀小花就是舌狀花。中心部的小花稱為筒狀花。

托葉

生長於葉柄基部的葉狀組織，葉片種類之一。托葉細小，通常隨著葉片生長而脫落。

斷水

完全停止澆水。

徒長

植株徒長的主要原因是日照不足，通常枝條細長軟弱，節距拉大，葉片顯得稀疏。通風不良、水分與肥料過剩也會助長植株徒長。

半遮蔭・明亮遮蔭

每日樹梢灑落陽光數小時的遮蔭狀態稱為半遮蔭。照射不到直射陽光，但周圍開闊可照射間接光的遮蔭狀態稱為明亮遮蔭（＊本書定義）。

變種

生物分類階層屬於同一種，但形態上與基本種略微不同的種類。

實生

指播種後發芽長出幼苗的過程，或稱該幼苗。

稜

仙人掌莖部頂端至植株基部縱向排列突起成山峰狀的部位。類似形態的大戟屬等多肉植物外觀上也可看到稜狀部位。

鱗莖

肉質化葉片重疊多層的營養器官，最具代表性鱗莖為百合、洋蔥的球根。

塊根植物種名索引

本書圖片中塊根植物種名（表記學名等）五十音排序一覽表。

塊根植物銷售店一覧表

介紹日本全國各地
從事塊根植物銷售的主要店家。
各地園藝店等也有販售塊根植物，
不妨試著找找看。

堀川CACTUS GARDEN

〒381-2225 長野県長野市篠ノ井岡田1663-10
☎ 026-292-5959
營業時間／9:00至17:00
定休日／星期三(請事先透過電話確認)
https://h-cactus.com/

信州西沢サボテン園

〒399-0705 長野県塩尻市大字広丘堅石392-8
☎0263-54-0900
營業時間／8:30至17:00
定休日／星期一(請事先透過電話確認)
http://nishizawacactus.sakura.ne.jp/

Cactus Bright

〒312-0002 茨城県ひたちなか市高野2592-18
☎090-3082-0422
營業時間／9:00至11:30　13:00至17:00
定休日／星期四(請事先透過電話確認)
http://cactusbright.sakura.ne.jp/

SABOSABO STORE

〒292-0063 千葉県木更津市江川958
☎ 090-1609-1788
營業時間／10:00至16:00
定休日／星期一、星期二、星期四、星期五
(逢國定假日正常營業)
http://www.sabosabo-store.jp/

二和園

〒285-0844 千葉県佐倉市上志津原258
☎ 090-3315-6563
營業時間／7:00至17:00
定休日／不定休(請事先透過網頁確認)
https://yukicact.sakura.ne.jp/

Gran Cactus

〒270-1337 千葉県印西市草深天王先1081
☎ 0476-47-0151
營業時間／9:00至17:00
定休日／星期一至星期四(星期五、六、日正常營業)
http://www.gran-cactus.com/

鶴仙園

〔駒込本店〕
〒170-0003 東京都豊島区駒込6-1-21
☎ 03-3917-1274
營業時間／10:00至17:00
定休日／星期二(每月營業日請透過網頁確認)
〔西武池袋店〕
〒171-8569 東京都豊島区南池袋1-28-1
　　西武池袋本店9階屋上
☎ 03-5949-2958
營業時間／10:00至20:00
定休日／全年無休(可能因天候不佳等因素臨時休業)
http://sabo10.tokyo/

山城愛仙園

〒561-0805 大阪府豊中市原田南1-10-7 3F
☎ 06-6866-1953
營業時間／10:00至17:00
定休日／星期一至星期五
(星期六、日、國定假日正常營業。平日造訪請電
話預約：090-1074-6857)
http://www.aisenen.com/
樂天市場店「とげ家」
https://www.rakuten.co.jp/togeya/

たにっくん工房（網路商店）

〒632-0000 奈良県天理市144-4
☎ 050-8022-1502
Email：tanikkunkoubou@gmail.com
たにっくん工房online farm
https:// tanikkunkoubou.com/

CACTUS　NISHI

〒649-6272 和歌山県和歌山市大垣内663
☎ 073-477-1233
(零售營業日星期六、日、國定假日。造訪需要電話預約)
http://www.cactusnishi.com/

Plant's Work

〒751-0867 山口県下関市延行562-1
☎090-4102-2919
定休日／星期一(來造訪請透過電話或Instagram預約)
https://www.instagram.com/plants_work/

※以上記載皆為2019年10月的資訊。除了定休日之外，店家可能另訂臨時休業日。
※造訪前請先透過網頁或電話確認是否為營業日。

花の道 79

全年度塊根植物栽培基礎書

作　　　者／長田 研
譯　　　者／林麗秀
發　行　人／詹慶和
執 行 編 輯／劉蕙寧
編　　　輯／黃璟安・陳姿伶・詹凱雲
執 行 美 編／陳麗娜
美 術 編 輯／周盈汝・韓欣恬
內 頁 排 版／陳麗娜
出　版　者／噴泉文化館
發　行　者／悅智文化事業有限公司
郵政劃撥帳號／19452608
戶　　　名／悅智文化事業有限公司
地　　　址／新北市板橋區板新路 206 號 3 樓
電　　　話／(02)8952-4078
傳　　　真／(02)8952-4084
電 子 信 箱／elegant.books@msa.hinet.net

2023 年 6 月初版一刷　定價 480 元

NHK SHUMI NO ENGEI 12KAGETSU SAIBAI NABI
NEO TANIKU SHOKUBUTSU CAUDEX
Copyright © 2019 Osada Ken
All rights reserved.
Original Japanese edition published by NHK Publishing,
Inc.
Chinese (in complex character) translation rights
arranged with NHK Publishing, Inc., Tokyo through Keio
Cultural Enterprise Co., Ltd.

經銷／易可數位行銷股份有限公司
地址／新北市新店區寶橋路 235 巷 6 弄 3 號 5 樓
電話／(02)8911-0825
傳真／(02)8911-0801

長田 研 Osada Ken

1975年生於日本靜岡縣。曾於美國維吉尼亞大學主修生物與化學。經營「CACTUS長田」苗圃，從事多肉植物、仙人掌、球根等園藝植物生產與進出口。植物栽培相關專業知識、生產體制為日本國內最高水準。

美術指導
岡本一宣

設計
小坒田尚子・加瀬 梓
木村亜梨香，佐々木 彩
(O.I.G.D.C.)

攝影
田中雅也

圖片提供
長田 研

取材・攝影協力
カクタス長田・鶴仙園

DTP
滝川裕子

校正
安藤幹江

編輯協力
高橋尚樹

企劃・編輯
加藤雅也(NHK出版)

國家圖書館出版品預行編目資料

全年度塊根植物栽培基礎書 / 長田 研著；
林麗秀譯 . -- 初版 . – 新北市：噴泉文化館
出版 , 2023.6
　面；　公分 . -- (花之道；79)
ISBN 978-626-96285-6-8(平裝)

1.CST: 多肉植物 2.CST: 觀賞植物
3.CST: 園藝學

435.48　　　　　　　　　　　112007396

succulent plants

Caudiciforms

噴泉文化 × 綠植計畫

本圖摘自
《玻璃瓶中的植物星球》

自然綠生活32
500個多肉品種圖鑑＆
栽種訣竅
作者：靎岡秀明
定價：480 元
26×19 cm・152頁

自然綠生活15
初學者的多肉植物＆
仙人掌日常好時光
作者：NHK出版◎編著
野里元哉・長田研◎監修
定價：350 元
26×21 cm・112頁

自然綠生活29
超可愛的多肉×雜貨，
32種田園復古風DIY
組合盆栽
作者：平野純子
定價：380 元
21×15 cm・120頁

綠庭美學2
自然風庭園設計BOOK：
設計人必備！
花木×雜貨演繹空間氣圍
作者：MUSASHI BOOKS
定價：450 元
26×21 cm・120頁

自然綠生活17
在11F-2的小花園
玩多肉的365日
作者：Claire
定價：420 元
24×19 cm・136頁

自然綠生活26
多肉小宇宙：
多肉植物的生活提案
作者：TOKIIRO
定價：380 元
22×21 cm・96頁

自然綠生活12
sol×sol的懶人花園。與多
肉植物一起共度的好時光：
多肉植物＆仙人掌的室內布
置＆植栽禮物設計
作者：松山美紗
定價：380 元
26×21 cm・96頁

自然綠生活14
sol×sol的懶人多肉小風景
多肉×仙人掌迷你造景花園
作者：松山美紗
定價：380 元
26×21 cm・104頁

自然綠生活31
輕鬆規劃草本風花草庭園
作者：NHK出版◎編著
天野麻里絵◎監修
定價：480 元
26×21 cm・136頁

自然綠生活23
親手打造私宅小庭園
作者：朝日新聞出版◎授權
定價：450 元
26×21 cm・168頁

自然綠生活13
黑田園藝植栽密技大公開：
一盆就好可愛的多肉組盆
NOTE。
作者：黑田健太郎、 繡線子
定價：480 元
26×19 cm・104頁

自然綠生活4
配色×盆器×多肉屬性
園藝職人的多肉植物
組盆筆記
作者：黑田健太郎
定價：480 元
26×19 cm・160頁

自然綠生活25
玻璃瓶中的植物星球
作者：BOUTIQUE-SHA◎編著
定價：380 元
26×21 cm・82頁

自然綠生活10
迷你水草造景×
生態瓶の入門實例書
作者：田畑哲生
定價：320 元
26×21 cm・80頁

綠庭美學1
木工＆造景－
綠意的庭園DIY
作者：BOUTIQUE-SHA
定價：380 元
26×21 cm・128頁

綠庭美學7
日照不足也OK。
以耐陰植物打造美麗庭園
作者：NHK出版
定價：480 元
26×21 cm・136頁

花之道50
雜貨風綠植家飾：
空氣鳳梨栽培圖鑑118
作者：嬩藤省吾◎著
松田行弘◎雜貨植栽
定價：380 元
26×19 cm・88頁

自然綠生活9
懶人植物新寵：
空氣鳳梨栽培圖鑑
作者：藤川史雄
定價：380 元
21×14.7cm・128頁

花之道30
奇形美學食蟲植物瓶子草
作者：木谷美咲
定價：380 元
26×19cm・144頁

自然綠生活11
可愛無極限：
桌上型多肉迷你花園
作者：Inter Plants Net
定價：380 元
24×18 cm・104頁

自然綠生活20
從日照條件了解植物特性：
多年生草本植物栽培書
作者：小黑晃
定價：480 元
26×21 cm・160 頁

綠庭美學3
我的第一本花草園藝書
作者：黑田健太郎
定價：450 元
26×21 cm・136頁

自然綠生活27
人氣園藝師
川本諭的植物＆風格設計學
作者：川本諭
定價：450 元
24×19 cm　120頁

自然綠生活16
美式個性風×
綠植栽空間設計
作者：川本諭
定價：450 元
24×19 cm　112頁

自然綠生活28
生活中的綠舍時光：
30位IG人氣裝飾家＆綠色
植栽的搭配布置
作者：主婦之友社◎授權
定價：380 元
21×15 cm　152頁

自然綠生活18
以綠意相伴的生活提案
作者：主婦之友社◎授權
定價：380 元
24.7×18.2cm　104頁

綠庭美學4
雜貨×植物的綠意角落設計
BOOK
作者：MUSASHI BOOKS
定價：450 元
26×21 cm　120頁

自然綠生活7
繽紛森呼吸・愛上綠意
園藝の創意空間
作者：川本諭
定價：450 元
24×19 cm　114頁

自然綠生活3
人氣園藝師打造的綠意＆
野趣交織の創意生活空間
作者：川本諭
定價：450 元
24×19 cm　112頁

良品 手作良品80
DIY＋GREEN自宅
改造綠色家居
作者：TSURUJO＋MIDORI雜
貨屋
定價：380 元
26×19 cm　104頁

良品 手作良品52
花草植物吊籃纏結設計：
打造懸掛式小花園
作者：主婦の友
定價：380 元
26×19cm　88頁

良品 手作良品69
雜貨×花草盆栽布置
特選150
作者：主婦と生活社
定價：380 元
29.7×21 cm　112頁

本圖摘自《人氣園藝師 川本諭的植物＆風格設計學》

綠庭美學5
樹形盆栽入門書
作者：山田香織
定價：580 元
26×16 cm　168頁

自然綠生活30
好好種的自然風花草植栽
作者：小林健二
定價：380 元
24×18 cm　104頁

花之道14
愛花人必學-67種庭園
花木修剪技法
作者：妻鹿加年雄
定價：480 元
26×19 cm　160頁

自然綠生活19
初學者也OK的森林原野
系草花小植栽
作者：森森
定價：380 元
26×21 cm　80頁

良品 手作良品79
初學者OK！
綠意花園水泥雜貨設計書
作者：原嶋早苗
定價：450 元
26×21 cm　96頁

綠庭美學6
親手打造一坪大的
森林系陽台花園
作者：主婦與生活社
定價：380 元
29.7×21 cm　104頁

花之道19
世界級玫瑰育種家栽培書
作者：木村卓功
定價：580 元
26×19 cm　128頁

花之道35
最適合小空間的
盆植玫瑰栽培書
作者：木村卓功
定價：480 元
26×21 cm　128頁

花之道65
全年度玫瑰栽培基礎書
作者：鈴木滿男
定價：380 元
21×14.7 cm　96頁

花之道15
我的第一本洋蘭栽培書
Q&A
作者：江尻宗一
定價：480 元
24×17 cm　192頁

花之道68
全年度蝴蝶蘭栽培基礎書
作者：富山昌克
定價：380 元
21×15 cm　96頁

花之道79
全年度塊根植物栽培基礎書
作者：長田研
定價：480 元
21×15 cm　112頁

本圖摘自《最適合小空間的盆植玫瑰栽培書》

succulent plants

Caudiciforms